$25.00

MW01707835

COM[...]
I MIGLIORI FUNGHI MANGERECCI

Le informazioni contenute nella presente opera sono corrette e degne di fede al momento di consegnarle allo stampatore. Consumare funghi non identificati come commestibili può avere conseguenze fatali, ragione per cui è sempre preferibile gettare quelli che suscitino dei dubbi. Pertanto l'Editore non accetta nessuna responsabilità per errori e/o omissioni che possano derivare dall'identificazione scorretta dei

Hamilton Public Library
Circulation Collection

579.5 LEO ITA
Leoni, Gianernesto
Come riconoscere i migliori
funghi mangerecci
1997.

CE 1199571 $25.00

Dr. Gianernesto Leoni - Dr. Bartolomeo Ferreri

COME RICONOSCERE I MIGLIORI FUNGHI MANGERECCI

come conservarli, essiccarli, surgelarli

GIOVANNI DE VECCHI EDITORE - MILANO

Si ringrazia Sergio Ruini per la gentile collaborazione

In copertina: Russula Aurea

Disegni dell'interno di Anna Caracappa De Santi

© Copyright by Giovanni De Vecchi Editore S.p.A. - Milano 1983
© Copyright nuova edizione 1997
Proprietà letteraria e artistica riservata
Riproduzione e traduzione anche parziali vietate

SOMMARIO

Introduzione

Il fungo è un vegetale incapace di sfruttare l'energia solare per trasformare l'anidride carbonica in zucchero, in quanto privo di clorofilla, cioè del pigmento verde presente nelle foglie delle piante superiori.
Il fungo inoltre – come l'alga e il lichene – non ha un corpo vegetativo differenziato in fusto, foglie e radici, a differenza di quanto succede nelle piante superiori.
I funghi superiori – o "macrofunghi" – sono costituiti da un *micelio* e da un *corpo fruttifero.*
Il micelio è formato da un fitto intreccio di cellule filamentose; esso è in perenne crescita ed è completamente invisibile poiché situato nel terreno o sotto la corteccia di un albero.
Il corpo fruttifero è più o meno effimero (in qualche caso longevo); inoltre esso, a seconda della specie, è visibile o invisibile, in quanto può crescere fuori terra (sul terreno, sul tronco o sui rami di un albero) o sotto terra, come i prelibati tartufi.

I corpi fruttiferi, date le loro dimensioni e in considerazione di forme più o meno graziose e di colori più o meno attraenti, interessano non solo il botanico puro, ma anche l'amatore, che li ricerca per ragioni alimentari.

Tanto per chiarire le idee, si può paragonare il micelio a un albero, il corpo fruttifero a un frutto, le spore ai suoi semi.

Comunemente si chiama "fungo" non l'intero vegetale, ma un suo "prodotto".

I corpi fruttiferi sono stati oggetto di ampie trattazioni sugli atlanti e sui libri di micologia.

Vi sono corpi fruttiferi *commestibili*, più o meno sapidi, e corpi fruttiferi *non commestibili* perché repellenti (a causa dell'odore e del sapore disgustosi), indigesti (poiché coriacei), sospetti, velenosi, velenosi mortali.

In questo testo tratteremo i corpi fruttiferi dei funghi superiori limitatamente alle specie commestibili più comuni e più saporite.

Il fungo non è un vegetale "autonomo": infatti, per nutrirsi, ha bisogno di un substrato capace di procurargli carbonio organico (carboidrati).

Vi sono funghi – detti saprofiti – che utilizzano come substrato rami secchi caduti al suolo, tronchi abbattuti, ceppaie, materiale carbonizzato, escrementi di animali.

Altri funghi – definiti parassiti – convivono con le piante superiori, sfruttandole, indebolendole e provocando loro delle vere e proprie malattie.

Altri funghi ancora – detti micorrizici – convivono con le piante superiori stabilendo con esse un rapporto di mutuo aiuto; infatti il micelio del fungo avvolge come un provvidenziale guanto le giovani radici degli alberi.

Ciclo biologico di un fungo basidiomicete (Boletacea)

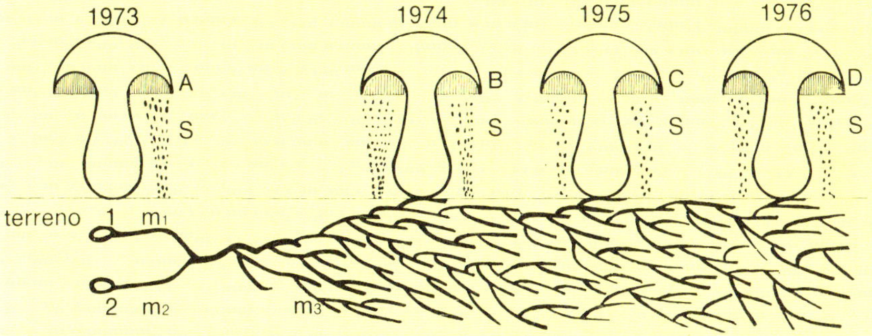

Dal fungo A, giunto al termine dello sviluppo, cadono delle spore (S); due di queste, 1 e 2, germinano nel terreno e danno origine ai miceli m_1 e m_2 i quali, in un secondo tempo, si "fondono" per un complicato fenomeno detto "plasmogamia" e di conseguenza si forma il micelio m_3; tale micelio è "perenne" cioè si espande in continuità e, col passare del tempo, genera nuovi corpi fruttiferi in adatte condizioni di temperatura e di umidità. Dai corpi fruttiferi maturi (B, C, D) cadono nuove spore (S) e il ciclo ricomincia

Ne consegue un duplice reciproco vantaggio:

a) la pianta fornisce carboidrati al fungo;

b) il fungo favorisce l'assorbimento per via radicale dell'acqua e delle soluzioni saline circolanti nel suolo.

In virtù di questo fenomeno si possono avere funghi che solitamente si associano a piante erbacee, altri alle latifoglie, altri alle conifere e la selettività si spinge a una determinata specie arborea (funghi simbionti del larice, del pino silvestre, della betulla ecc.).

Come si riproduce un fungo?

La riproduzione del fungo avviene ad opera delle spore, prodotte dai corpi fruttiferi. Le spore

sono corpuscoli spesso unicellulari estremamente piccoli che si differenziano, a seconda delle specie, per forma, dimensioni e per particolari ornamenti esterni (creste, aculei, reticoli alveolari).
Nella classe Basidiomiceti le spore sono peduncolate e portate – generalmente in numero di quattro – alla sommità di supporti a forma di clava, detti "basidi". Nella classe Ascomiceti, invece, le spore appaiono contenute in piccoli astucci globosi o filamentosi detti "aschi".
Le spore mature cadono, oppure vengono allontanate dal corpo fruttifero da un lieve spostamento d'aria; se una di esse finisce su un substrato adatto e viene a trovarsi in condizioni ambientali favorevoli, germina e forma un micelio.

L'identificazione del fungo

Non esistono macchine da fantascienza, né criteri da stregoni e da ciarlatani per stabilire se il corpo fruttifero di un fungo è commestibile oppure no.
Lo spicchio d'aglio, il cucchiaio d'argento, le foglie di prezzemolo, dunque, non servono!
Prima di tutto il corpo fruttifero va identificato; a tale scopo bisogna sottoporlo a un esame morfo-anatomico, cioè all'attenta osservazione della sua forma e delle sue varie parti compiute sia ad occhio nudo, sia con l'aiuto del microscopio e, se è il caso, anche a un esame organolettico (valutazione dell'odore e del sapore della carne) e all'esame macro-chimico (osservazione di particolari "colorazioni" ottenute con vari reagenti chimici). Si dovrà infine tener conto dell'habitat e dell'epoca di crescita.
In un secondo tempo il corpo fruttifero identificato, cioè attribuito a un determinato "genere" e a una determinata "specie", potrà essere giudicato sotto il profilo della commestibilità o della non commestibilità.

Esame morfo-anatomico Il corpo fruttifero di un fungo può avere forma globosa, di uovo (appuntito o allargato alla base), di crosta, di mensola, di coppa, di cespuglio ramificato. In moltissimi casi il corpo fruttifero presenta due parti ben distinte: un cappello e un gambo che lo sostiene. Altri caratteri del corpo fruttifero sono: l'imenioforo, i veli generale e parziale coi loro residui, la polvere sporale, le singole spore.

Cappello. Può avere forma semisferica più o meno convessa, pianeggiante, di imbuto, di tromba, di piccola spugna, di piccola mitra, di una piccola sella ecc. La parte centrale del cappello può essere sopraelevata (presenza di un "umbone") oppure incavata (presenza di una specie di "ombelico"). Il cappello può essere rivestito da una pellicola distinta, staccabile (tutta o in parte), o non staccabile; essa può manifestarsi, al tatto, secca oppure viscida, liscia o vellutata, oppure ruvida. La pellicola può presentare particolari ornamenti (fibrille oppure verruche, come nel caso di certe Amanite).

Imenioforo. È la parte fertile del corpo fruttifero, quella cioè in cui sono annidate le spore e gli organi che le contengono (aschi) o che le portano (basidi). Vi sono imeniofori esterni, di tipo liscio (come nelle Morchelle, nelle Elvelle ecc.), oppure di tipo figurato, cioè composto di vari elementi (a lamelle, a tubuli e pori, ad aculei come in numerosissimi Basidiomiceti).
L'imenioforo può anche essere in un primo tempo interno e, in seguito, "scoprirsi" con la rottura del corpo fruttifero per consentire la diffusione delle spore mature: ciò si verifica in alcuni Basidiomiceti gasteromiceti (vesce ecc.).

Vari tipi di cappello

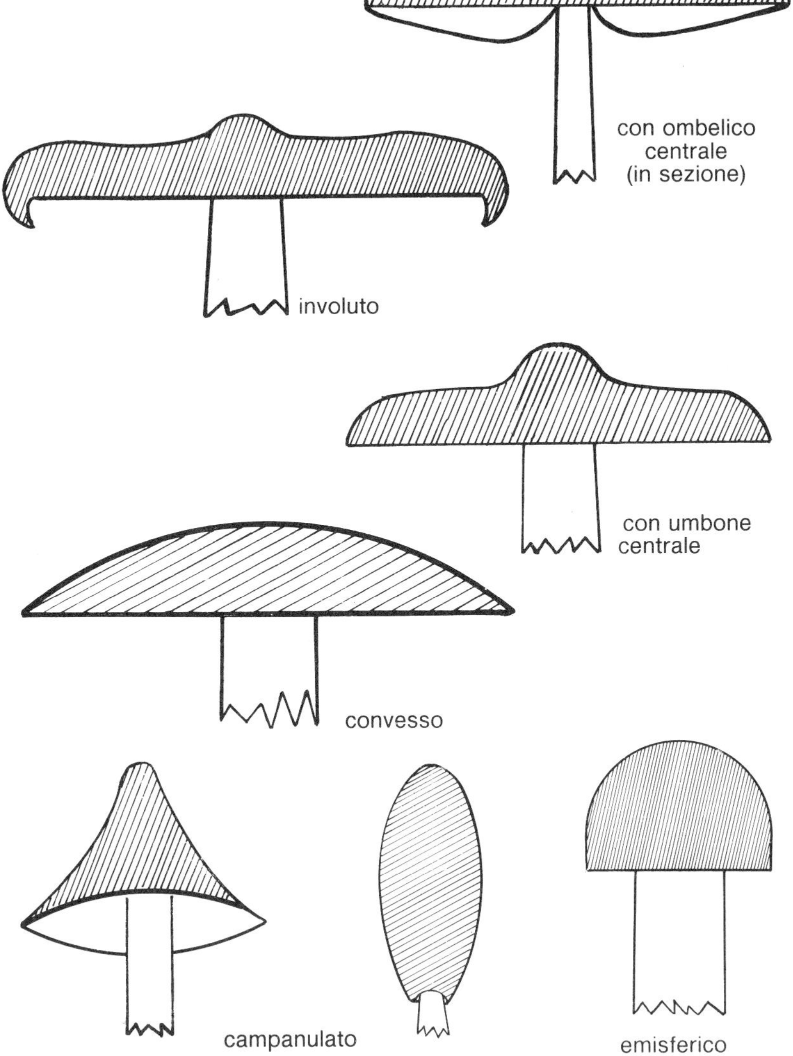

Vari tipi di imenioforo

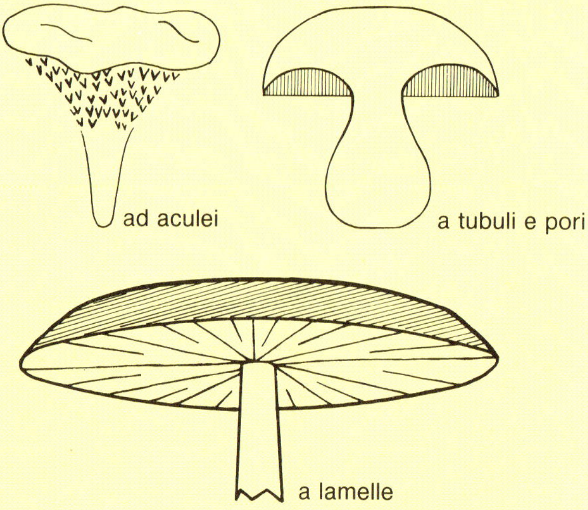

Per quanto riguarda l'imenioforo a lamelle, queste possono essere uguali o diseguali: lamelle di lunghezza normale (dal margine del cappello al gambo) sono frammiste a lamelle di lunghezza assai inferiore (lamellule).
Inoltre, le lamelle possono essere fitte o distanziate, sottili o spesse e – per quanto riguarda l'inserzione sul gambo – possono presentarsi: libere, appressate, adnate, uncinate, decorrenti.
Per ciò che concerne l'imenioforo a tubuli e pori, esso può essere libero rispetto al gambo, aderire ad esso oppure ancora presentare una parte di tubuli e pori decorrenti sulla zona più alta del gambo.

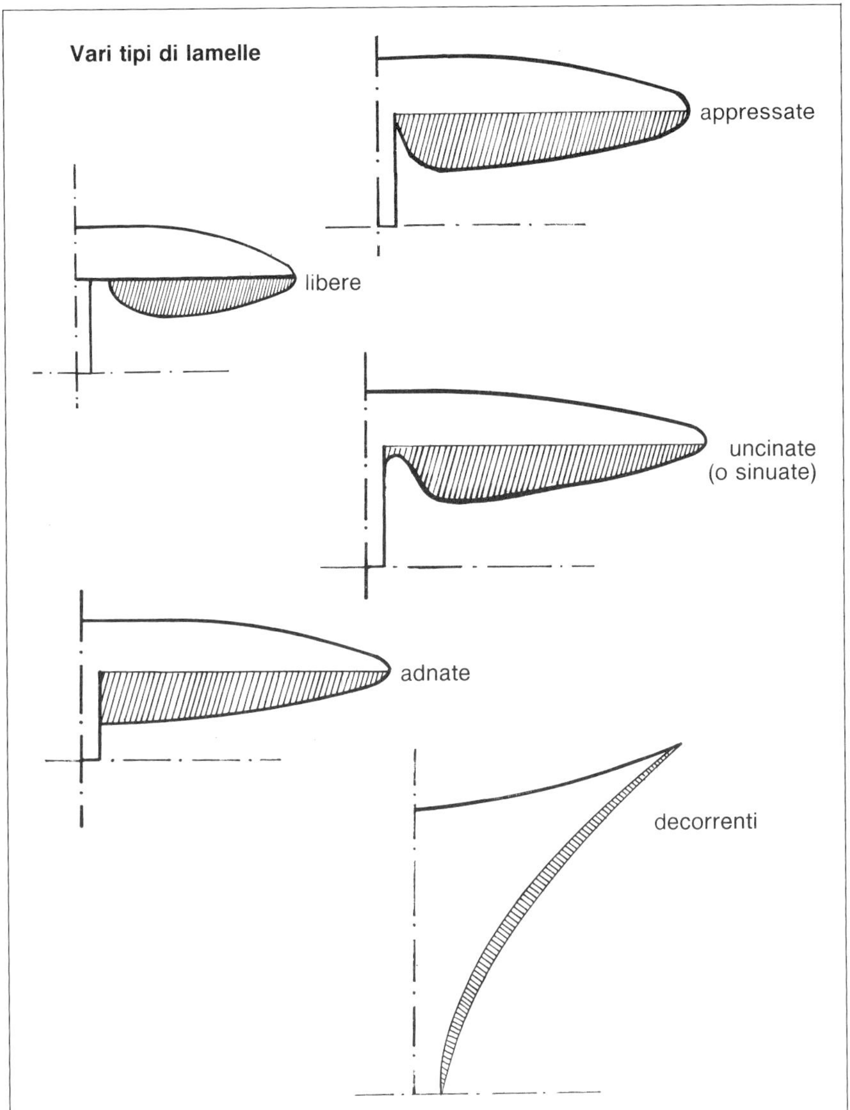
Vari tipi di lamelle
appressate
libere
uncinate
(o sinuate)
adnate
decorrenti

Fasi di crescita del corpo fruttifero di un fungo del genere Amanita

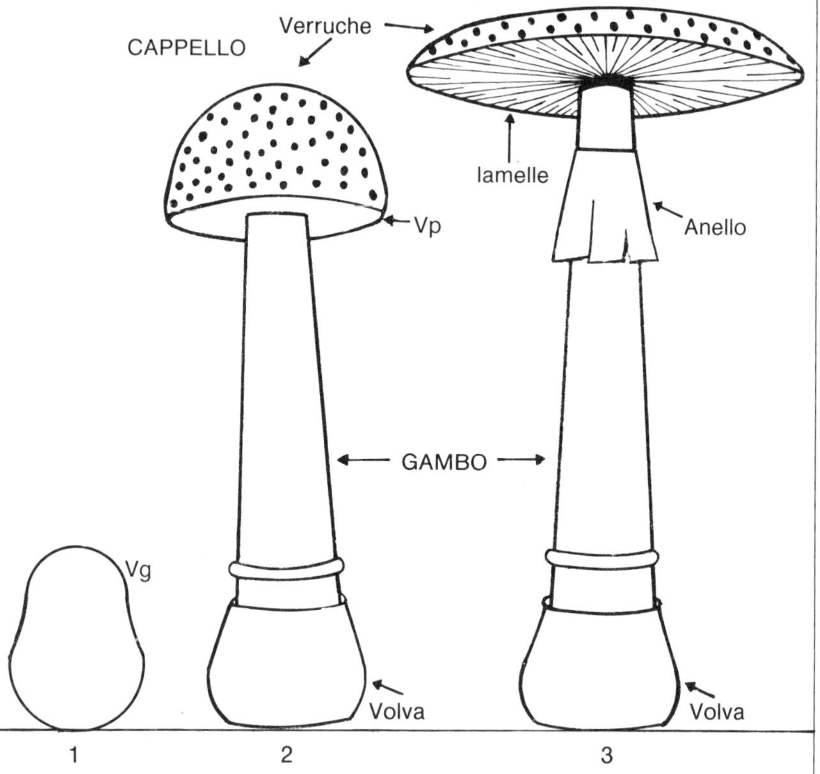

1. Il corpo fruttifero è avvolto da una specie di "guscio", il cosiddetto "velo generale" (Vg).
2. Il corpo fruttifero si sviluppa: il gambo e il cappello si mettono in evidenza; il velo generale si lacera, lasciando due tipi di residui: le "verruche" sul cappello e la "volva" alla base del gambo (dove può avere forma di calza, di braccialetto, di perline disposte in cerchi concentrici). Le lamelle del cappello non sono ancora ben evidenti perché nascoste da un tessuto protettivo, il cosiddetto "velo parziale" (Vp) che salda l'orlo del cappello alla parte superiore del gambo.
3. Il corpo fruttifero completa il suo sviluppo: il velo parziale, in seguito all'apertura del cappello, si lacera e ricade sul gambo formando un "anello"; pertanto le lamelle risultano ben evidenti.

Gambo. Può essere centrale, eccentrico, laterale. Esso, inoltre, si può staccare facilmente dal cappello oppure no. Può presentarsi cilindrico, attenuato in alto o in basso, oppure ingrossato a mo' di "bulbo" alla base; può avere struttura fibrosa, carnosa o gessosa come nelle Russole e nei Lattari. Il gambo, inoltre, può essere pieno e omogeneo, pieno e farcito (cioè contenente un tessuto alquanto midolloso) oppure cavo.

Veli e loro residui. Il corpo fruttifero di numerose specie durante la prima fase di crescita si presenta completamente avvolto da un velo generale di consistenza membranosa o simile a una "ragnatela" (cortina). Il disegno a pagina 16 pone in risalto le verruche e la volva, che sono residui del velo generale di consistenza membranosa, e l'anello, che è il residuo del velo parziale, cioè di quella membrana che protegge l'imenioforo saldando l'orlo del cappello alla parte superiore del gambo. L'anello può essere vistoso e persistente, oppure ridotto a un piccolo lembo, oppure può sparire completamente con il passare del tempo. Per quanto riguarda i funghi a lamelle è importante – ai fini del riconoscimento – l'accertamento del colore della polvere sporale. Spesso – ma non sempre – il colore delle spore coincide con quello delle lamelle. La polvere sporale può essere bianca (ma le singole spore sono... trasparenti), rosa, ocra, viola o marrone violaceo, nero.

Esame organolettico

Alcuni funghi sono inodori, altri emettono un odore caratteristico: il gallinaccio (*Cantharellus cibarius*) emana un odore gradevole di pesca, l'*Hygrophorus agathosmus* un odore di man-

dorle amare, la *Clitocybe odora* profuma di anice, la *Calocybe gambosa* (*Tricholoma georgii*) emana un piacevole odore di farina fresca (però attenzione: anche il velenoso *Entoloma lividum* ha lo stesso odore farinaceo!).
Vi sono funghi dal sapore quasi insignificante, altri con sapore abbastanza caratteristico: per esempio il *Boletus appendiculatus* palesa un sapore di nocciola. Le Russole a carne "dolce" sono commestibili; quelle a carne "acre e piccante" non sono commestibili. Naturalmente il criterio dell'assaggio vale *soltanto* per le Russole. È pericoloso assaggiare un pezzetto di fungo? No, purché venga espulso al più presto e si sciacqui bene la bocca. Non si debbono assaggiare i funghi velenosi mortali (es. l'*Amanita phalloides*): i lettori debbono imparare a riconoscerli a prima vista e a non raccoglierli.

Esame chimico L'impiego dei vari reagenti (soluzioni acquose di sali, acidi, alcali ecc.) può contribuire al riconoscimento di parecchi funghi. A contatto con una soluzione acquosa di solfato ferroso, la *Russula vesca* assume una tinta rosa; la *Russula xerampelina* diventa istantaneamente verde. A contatto con una soluzione acquosa di idrato potassico al 10÷15%, la carne del *Chroogomphus rutilus* (*Gomphidius viscidus*) si tinge di bruno scuro.

Stazione di crescita Anche la stazione di crescita, intesa come complesso di vari fattori (altitudine, tipo di terreno, di vegetazione, di pianta ospite o di pianta simbionte), contribuisce alla determinazione del fungo. Vi sono specie che crescono praticamente dappertutto (*Armillaria mellea*, *Lepista nuda*, *Russula cyanoxantha*), altre nei boschi di latifoglie (*Amanita caesarea*, *Russula aurea*, *Krombholziella aurantiaca* [*Boletus rufus* o *Leccinum aurantiacum*], *Krombholziella scabra* [*Boletus scaber* o *Leccinum scabrum*]), altre nei boschi di conifere (*Russula mustelina*, le specie dei generi *Gomphidius* e *Chroogomphus*), altre ancora legano preferibilmente con una determinata pianta (il *Lactarius deliciosus* cresce vicino al pino silvestre, il *Lactarius salmonicolor* vicino all'abete bianco, il *Suillus grevillei* [*Suillus elegans*] si associa solo al larice).

Epoca di crescita Sebbene la maggior parte dei funghi cresca nel periodo estivo-autunnale, vi sono specie che si possono trovare, almeno per quanto riguarda l'Italia settentrionale, soltanto in primavera (per esempio: *Hygrophorus marzuolus*, Morchelle, Elvelle, *Calocybe gambosa* [*Tricholoma georgii*]), altre soltanto nel tardo autunno e in inverno (*Pleurotus ostreatus*, *Flammulina velutipes* [*Collybia velutipes*]).

Composizione chimica e valore alimentare del fungo

Nel 1965, in Polonia, due studiosi[1] riscontrarono su 10 specie di funghi eduli – tra le quali il *Boletus edulis*, il *Boletus luteus*, il *Cantharellus cibarius*, l'*Armillaria mellea*, l'*Agaricus bisporus* (*Psalliota bispora*), il *Lactarius deliciosus*, il *Marasmius oreades* – i seguenti valori medi:

sostanza secca:	8,1÷10,4% di fungo fresco (quindi 89÷92% circa di acqua)
proteine grezze:	1,4÷3,3% di fungo fresco
grassi grezzi:	0,2÷0,9% di fungo fresco
carboidrati digeribili:	0,2÷0,8% di fungo fresco
fibre, cellulose e simili:	2,9÷4,9% di fungo fresco
ceneri:	0,5÷1,3% di fungo fresco
Potere calorico:	18÷29 kcal. per g 100 di fungo fresco

[1] Bollettino Gruppo Micologico Bresadola di Trento, settembre-ottobre 1970.

Consideriamo i diversi componenti.

Proteine. Sebbene il tenore proteico dei funghi coincida con quello delle verdure in genere (1÷3%), è opportuno far rilevare che alcune specie mangerecce – la *Lepista* (*Clitocybe*) *inversa*, la *Macrolepiota* (*Lepiota*) *procera*, il *Marasmius oreades*, il *Chroogomphus rutilus* (*Gomphidius viscidus*), l'*Hydnum repandum* – contengono gli aminoacidi essenziali: lisina, treonina, leucina e valina in quantità ottimali in rapporto alle esigenze alimentari dell'uomo. Inoltre, nelle specie succitate, nonché nel porcino e nel prataiolo coltivato, si trovano quantità rilevanti di acido glutammico e di acido aspartico.[1-2] Varie ricerche sperimentali inducono a ritenere senz'altro come buona la digeribilità delle proteine dei funghi eduli, almeno di quelli più usati.[1] I porcini essiccati denotano un'elevata concentrazione di proteine (29,5%). Ma attenzione: 100 g di funghi secchi equivalgono a più di 1 chilo di freschi!

Grassi. Il contenuto di grassi nei funghi è molto modesto; i costituenti dei grassi grezzi (acidi grassi, idrocarburi, alcoli e steroli) sono attualmente oggetto di indagini chimiche per accertare "affinità" o "diversità" di natura chimica in funghi "affini" dal lato botanico sistematico.

Carboidrati. I funghi non contengono amido, a differenza delle piante superiori, che sono capaci di operare la fotosintesi clorofilliana.[1]

[1] Bollettino Gruppo Micologico Bresadola di Trento, settembre-ottobre 1970.

[2] Micologia Italiana Edagricole, aprile 1975.

Elementi minerali. Nelle specie mangerecce *Lepista inversa* (*Clitocybe inversa*), *Macrolepiota procera* (*Lepiota procera*), *Marasmius oreades*, *Chroogomphus rutilus* (*Gomphidius viscidus*) e *Hydnum repandum* il potassio e il fosforo sono presenti in quantità nettamente prevalenti rispetto a quelle di magnesio e di zolfo. Lo zolfo e il calcio sono presenti nei funghi in frazioni molto esigue, a differenza di ciò che si verifica nelle piante superiori.[1]

Vitamine. Nel porcino, nel prataiolo e nel gallinaccio (*Cantharellus cibarius*), sono contenute quantità apprezzabili di vitamine B_1, B_2, C, D, E; la presenza di vitamina D è importante dal momento che le verdure ne contengono soltanto delle tracce.[2]

In conclusione il fungo, se, per natura, privo di veleni, se in buono stato di conservazione, se cucinato in maniera appropriata, se consumato in quantità non eccessiva, è un ottimo alimento: discreto integratore proteico, detergente intestinale perché con la cellulosa in esso contenuta concorre ad assorbire le scorie della digestione e ne facilita l'evacuazione, non fa ingrassare, è tollerato dai diabetici e, infine, è un ottimo condimento, in quanto i suoi aromi, più o meno spiccati, contribuiscono a rendere più gustoso il cibo ordinario. Naturalmente coloro che soffrono di stomaco, di fegato e di intestino debbono astenersi dal consumo di funghi o comunque

[1] Bollettino Gruppo Micologico Bresadola di Trento, settembre-ottobre 1970.

[2] Micologia Italiana Edagricole, aprile 1974.

rimettersi al consiglio del proprio medico, onde evitare che un piacevole pranzo a base di funghi mangerecci si concluda con malori gastro-enterici, i quali purtroppo potrebbero essere erroneamente scambiati per "avvelenamenti" e suscitare inutilmente del panico.
Abbiamo ritenuto opportuno, in base all'esperienza acquisita, segnalare al lettore le migliori utilizzazioni in campo culinario delle specie descritte affinché possano essere meglio degustate e apprezzate.
Vi sono funghi che possono venire consumati allo stato fresco dopo cottura o dopo arrostimento alla graticola (i Lattari a lattice rosso); altri debbono essere sottoposti a una prebollitura, seguita dal getto della prima acqua, allo scopo di migliorare il sapore (per esempio: *Armillaria mellea*, *Clitocybe nebularis*). Vi sono funghi che possono essere consumati allo stato crudo in insalata, come l'ovolo (*Amanita caesarea*), l'*Auricularia auricula-judae*, il prataiolo coltivato; altri che vengono utilizzati solo parzialmente a causa del gambo tenace e indigesto (per esempio: *Macrolepiota procera* [*Lepiota procera*], *Krombholziella aurantiaca* [*Boletus rufus*], *Krombholziella scabra* [*Boletus scaber*]). Volendo conservare i funghi eduli, si ricordi che non tutte le specie sono idonee al condizionamento in particolari liquidi di governo (aceto, olio di oliva, olio di semi vari). I Lattari a lattice rosso e il *Coprinus comatus* non possono essere conservati sott'olio a causa della loro spappolabilità. D'altro canto diverse specie, come il *Sarcodon imbricatum* (*Hydnum imbricatum*), l'*Albatrellus confluens* (*Polyporus confluens*), l'*Albatrellus ovinus* (*Polyporus ovinus*), il *Cantharellus clavatus (Gomphus clavatus*), il *Catathelasma impe-*

riale (*Armillaria imperialis*), possono essere consumate solo se in precedenza cotte e conservate sott'olio o sott'aceto: ciò allo scopo di intenerirne la carne ed esaltarne il sapore.
Per quanto riguarda l'essiccamento, è bene sapere che solo poche specie possono essere conservate in questo modo. Sono idonee varie Boletacee (tra le quali l'ottimo porcino) e il *Craterellus cornucopioides* il quale, una volta seccato, può essere sminuzzato per preparare un buon condimento. Altre specie non sono adatte poiché con l'essiccamento perdono le proprietà organolettiche oppure diventano tenaci.

Norme per la raccolta e la conservazione dei funghi

La raccolta

Nel concludere la parte generale, ci sentiamo in dovere di fornire ai lettori delle istruzioni di carattere ecologico e igienico-alimentare.

1. Non si deve andare per funghi in periodi siccitosi e ventosi, in quanto sfavorevoli allo sviluppo dei corpi fruttiferi.
2. È opportuno portare con sé, durante le gite, una confezione di siero antivipera con tutto il corredo necessario; un temperino ben affilato; un cestino di vimine per riporre i funghi sicuramente mangerecci e una scatola di cartone per riporre i funghi non conosciuti (3-5 esemplari), i quali verranno in seguito studiati con calma e, in caso di dubbio, fatti analizzare da un esperto micologo.
   In ogni caso, quando si dubita della innocuità di un fungo e non ci si può valere dell'aiuto immediato di un esperto, lo si getta via.
3. Se si è accompagnati da bambini, questi vanno tenuti sotto stretta sorveglianza, per evitare che mettano in bocca funghi sospetti o tossici, nonché frutti tossici di piante sponta-

nee (quelli rossi del mezereo, quelli gialli e neri della belladonna, detta anche "pianta della morte", quelli rossi e neri della frangola, quelli piccoli e verdastri dell'edera ecc.).

4. Bisogna considerare il bosco non come una discarica di rifiuti, ma come una comunità di esseri viventi, che va rispettata e aiutata a crescere. Molti valligiani sono esasperati dal vandalismo e dall'incuria di villeggianti e turisti. L'asportare o il distruggere a calci tutti i funghi che crescono in una determinata area di bosco non è solo un segno di animalesca voracità o di nevrosi, ma costituisce anche un delitto contro l'"ecosistema": si impedisce la deposizione delle "spore", la formazione di nuovi miceli, la propagazione delle varie specie fungine e, in ultima analisi, si priva il bosco dei suoi preziosi alleati. A prescindere da considerazioni di commestibilità o non commestibilità, vi sono funghi "saprofiti" che avviano la decomposizione di escrementi e di spoglie vegetali e vi sono funghi "micorrizici", che con il loro micelio sotterraneo, aiutano le piante superiori (latifoglie e aghifoglie) ad assorbire per via radicale le soluzioni saline presenti nel terreno.
5. Bisogna raccogliere pazientemente i funghi per intero, tramite torsione o accurato taglio alla base: ricordate che non sempre i funghi spezzati sono esattamente identificabili!
   Si eviti di scavare un "cratere" attorno al fungo e di "scotennare" il terreno: questo per non lesionare le radici delle erbe vicine e lo stesso micelio sotterraneo il quale, come abbiamo già visto, è destinato a estendersi e a produrre in un prosieguo di tempo nuovi corpi fruttiferi.

6. Non raccogliere i funghi troppo piccoli, perché di scarsa resa gastronomica e non sempre identificabili, né quelli avvizziti, ammuffiti e invasi da piccoli parassiti animali.
7. I funghi mangerecci raccolti – una volta accertatane la commestibilità – debbono essere riposti con delicatezza (e senza stiparli) entro contenitori rigidi (per esempio, una marmitta o un cesto di vimine). Essi possono essere conservati all'interno di un comune frigorifero domestico nel reparto destinato alle verdure, per la durata di 2-5 giorni, a seconda della specie. È bene non prolungare troppo la permanenza in frigorifero per evitare delle alterazioni che potrebbero provocare dei disturbi gastro-intestinali simili a quelli prodotti dal consumo di carni avariate. Ricordiamoci che il freddo non sterilizza, non conserva " in eterno" gli alimenti, ma si limita a rallentare quei processi biochimici e microbiologici che stanno alla base del loro deterioramento.

La conservazione

I funghi possono essere conservati con diverse tecniche, si tratti di grandi quantità a uso industriale o di piccole quantità per uso casalingo. I metodi più diffusi sono l'essiccamento, il condizionamento e la surgelazione.

Essiccamento. È un procedimento che si usa solo con funghi ben freschi, asciutti e soprattutto sani che non presentino in superficie quei buchini che indicano inequivocabilmente la presenza di piccoli vermi all'interno.
Si elimina la base del gambo, quando sia particolarmente ricoperta di terriccio incrostato; poi si pulisce tutta la superficie del fungo con una

pezzuola umida, per eliminare ogni traccia di terra; quindi si tagliano sia il gambo che la cappella a fette regolari, di uguale spessore e abbastanza sottili, che si allineano su tavole di legno o su una rete, in un solo strato, senza sovrapporle.
I supporti vanno poi esposti al sole e le fette di fungo rivoltate più volte, finché non vi sarà più nessuna traccia di umidità. Industrialmente il processo di evaporazione viene accelerato in ambienti a calore controllato. La qualità di fungo più adatta a essere essiccata è senz'altro il porcino (*Boletus edulis*). Si faccia sempre molta attenzione a non confonderlo durante la raccolta con altre qualità, simili ma velenose, che non perdono le loro caratteristiche negative neppure con l'essiccazione.

Condizionamento. Consiste nella conservazione dei funghi in un liquido, chiamato "di governo", che può essere l'aceto o l'olio. Questo tipo di conservazione, se effettuato in versione casalinga, deve essere particolarmente scrupoloso e corretto, per evitare il rischio di intossicazione botulinica, molto frequente nelle conserve domestiche.
Innanzi tutto, è importante che si utilizzino solo funghi di buona qualità, freschi e perfettamente sani, che devono essere lavati molto bene per eliminare qualsiasi traccia di terriccio. Se alcune incrostazioni fossero particolarmente resistenti devono essere eliminate con il coltello.
I funghi così preparati vanno sbollentati in acqua con sale e aceto per dieci minuti, poi scolati e disposti in vasi di vetro precedentemente sterilizzati per ebollizione e ben asciugati. Si ricoprono completamente i funghi con aceto, oppure olio

d'oliva, e aromi a piacere, si chiudono ermeticamente i vasi e li si sottopone a un'ulteriore sterilizzazione, facendoli bollire per almeno venti minuti.
Trascorso questo tempo si lasciano raffreddare i vasi nell'acqua; poi li si estrae e li si conserva al fresco. Per la conservazione sott'aceto o sott'olio sono indicati i porcini, ma anche i funghetti coltivati, purché molto freschi, bianchi e privi di macchie scure.

Surgelazione. Scelti dei funghi sani, sodi e non tarlati, anche in questo caso bisogna togliere bene tutta la terra con una pezzuola, tagliare via la base del gambo, qualora sia troppo incrostata, ed, eventualmente, lavarli e asciugarli.
I funghi, eventualmente sbollentati per un paio di minuti e poi ben asciugati, possono essere surgelati sia interi che tagliati a fette. Si dispongono in sacchetti appositi (da cui si fa uscire il più possibile l'aria), che si chiudono e si mettono nel freezer.
Sono adatti alla surgelazione sia i porcini che i funghetti coltivati.
A temperatura uguale o inferiore ai -18 °C i funghi durano anche per un anno, ma vanno cucinati appena scongelati; se, invece, saranno stati precedentemente affettati, potranno essere cotti direttamente, senza aspettare che scongelino.
Questo tipo di conservazione, se correttamente effettuata, mantiene quasi completamente inalterato l'intenso e gradevolissimo profumo dei funghi, che sembreranno appena raccolti.

Impariamo a riconoscere i funghi

Abbiamo visto i criteri di carattere generale che debbono illuminare i raccoglitori per l'esatta identificazione del fungo, premessa fondamentale ai fini del giudizio di commestibilità o meno.
Ora vediamo una carta di identità per ogni specie commestibile con l'indicazione delle migliori utilizzazioni. La nostra esperienza di micologi ci induce ad invitare i lettori ad evitare le valutazioni troppo superficiali che scaturiscono dall'osservazione della sola fotografia. Bisogna considerare che una fotografia non può presentare tutti i caratteri morfo-anatomici del fungo, né dare un'idea della variabilità di forma e dimensioni in rapporto allo sviluppo; infine, imperfezioni cromatiche possono rendere l'illustrazione dissimile dall'originale e generare pericolose confusioni. Bisogna soppesare i termini delle didascalie e passare in attenta e paziente rassegna tutti i caratteri del fungo raccolto.

Legenda del grado di idoneità alle varie utilizzazioni alimentari per ciascuna delle specie descritte:

***	**molto adatto**
**	**adatto**
*	**poco adatto**
–	**non adatto**

Nome latino **AMANITA CAESAREA**
(Scop.: Fr.) Pers.

Nome italiano **Ovolo buono, Uovolo**

Nomi dialettali *Piemonte*: Cocon, Coc, Bolé real - *Lombardia*: Func cock, Œuf - *Veneto*: Bolè, Coco bon - *Liguria*: Cucun - *Emilia*: Buleider, Ovol - *Calabria*: Fungiu genuiso, Voila

Valore commestibile OTTIMO

Caratteri morfologici *Cappello*: alquanto carnoso, dapprima emisferico, poi convesso e infine appianato, con una cuticola di colore arancio vivo, talora aranciato pallido, con brevi striature radiali al margine.
Lamelle: fitte, libere rispetto al gambo, gialle.
Gambo: cilindrico, attenuato in alto, con corteccia gialla e con midollo interno bianco; la base del gambo è immersa in una specie di calza (la cosiddetta "volva") biancastra, membranosa, ampia, con l'orlo distaccato e a tipica forma di "v" maiuscola. Esso è il residuo del velo generale che avvolgeva completamente il fungo al suo esordio. Il gambo, inoltre, porta in posizione mediana un anello giallo, ampio, ricadente.
Carne: bianca, giallognola sotto la cuticola del cappello; odore e sapore gradevoli, ma poco marcati.

Stazione di crescita Cresce vicino a querce, castagni, su terreno spoglio e con cotica erbosa discontinua.

Periodo di crescita Da giugno a ottobre.

Utilizzazioni particolari Allo stato fresco: ***
Conservato sott'aceto o sott'olio: *
Allo stato secco: **

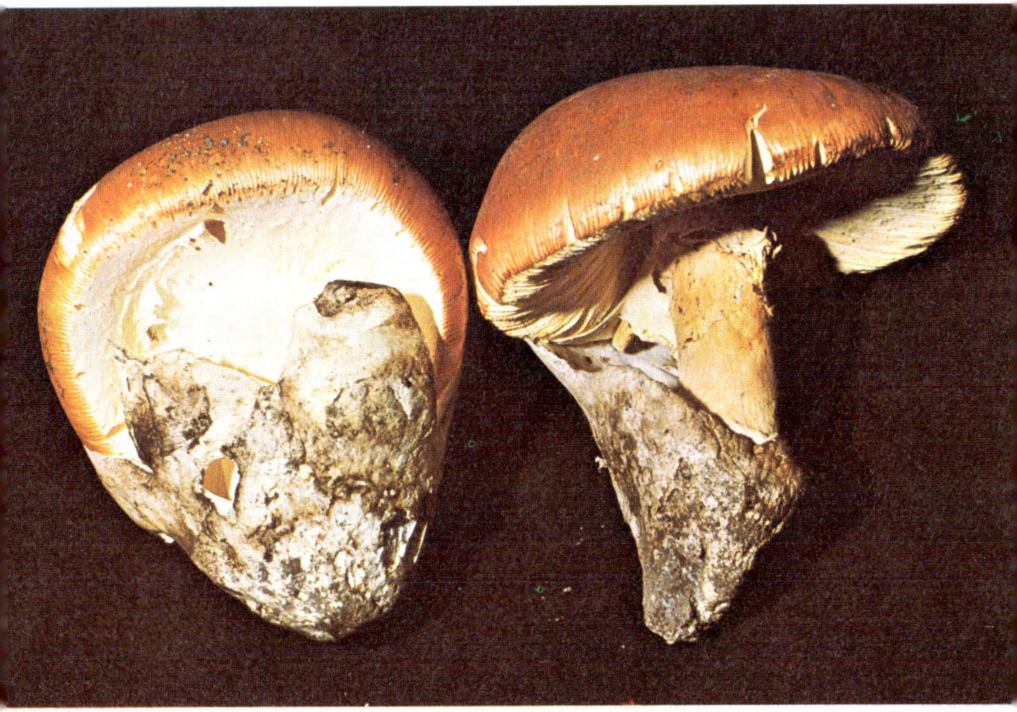

Osservazioni L'*Amanita caesarea* allo stadio di ovolo può essere facilmente confusa con l'*Amanita phalloides*, **velenosa mortale**. Pertanto, quando si trova un fungo a forma di "uovo", è consigliabile sezionarlo verticalmente. L'ovolo di *Amanita caesarea* presenta un arco bicolore (rosso-arancio sopra, giallo sotto, in corrispondenza della cuticola del primordio del cappello e due "parentesi" gialle in corrispondenza del primordio del gambo), l'*Amanita phalloides* solo giallino o verdino.

Nome latino **MACROLEPIOTA PROCERA**
(Scop.: Fr.) Sing.
(Lepiota procera)

Nome italiano **Mazza da tamburo, Bubbola maggiore, Parasole**

Nomi dialettali *Piemonte*: Cuccamele, Coccomele - *Lombardia*: Gamba de pola, Func de la gamba lunga - *Veneto*: Pelizzon - *Liguria*: Madonin - *Campania*: Fungi 'e nocella - *Calabria*: Coculinu - *Sicilia*: Fungi capiddinu

Valore commestibile OTTIMO

Caratteri morfologici *Cappello*: dapprima conico-parabolico, poi convesso e infine appianato con un vistoso umbone centrale; la cuticola si lacera precocemente dando luogo a larghe scaglie marroncine su sfondo bianco giallastro e fibrilloso; le scaglie sono particolarmente fitte nella zona centrale.
Lamelle: libere al gambo, fitte, larghe, ventricose, di colore bianco o bianco sporco.
Gambo: slanciato, cilindrico, attenuato in alto, bulboso alla base, legnoso, cavo, ricoperto da zigrinature brunastre ("pelle di serpente"). Il gambo è provvisto di un anello caratteristico, grande, dal margine frangiato, scorrevole.
Carne: tenera, bianca, squisita, in corrispondenza del cappello; fibrosa, e quindi da scartare, in corrispondenza del gambo.

Stazione di crescita Cresce nelle radure, nei pascoli, specie in terreni silicei e dopo abbondanti piogge.

Periodo di crescita Luglio-metà ottobre.

Utilizzazioni particolari Allo stato fresco: ***
Conservato sott'aceto o sott'olio: –
Allo stato secco: –

Osservazioni La *Macrolepiota procera*, facilmente riconoscibile per le dimensioni e per la squamosità e la morbidezza del cappello, non è ancora abbastanza apprezzata. Per gustarla meglio si consiglia di utilizzare solo il cappello dopo averlo cotto impanato o alla graticola. La *Macrolepiota procera* è molto deperibile e pertanto va consumata al più presto.

Nome latino **MACROLEPIOTA RHACODES**
(Vitt.) Sing.
(Lepiota rhacodes)

Valore commestibile BUONO

Caratteri morfologici *Cappello*: conico a cima arrotondata, poi convesso, più o meno allargato, con cuticola lacerata in scaglie brune, su sfondo bianco sporco, maggiormente fitte nella parte centrale.
Lamelle: libere al gambo, fitte, larghe, un po' ventricose, di colore bianco o bianco sporco che si macchiano di rosso allo sfregamento.
Gambo: cilindrico, attenuato in alto, bulboso alla base, cavo, con superficie brunastra senza zigrinature né striature. Il gambo è provvisto di un anello membranoso, sfrangiato, scorrevole.
Carne: tenera quella del cappello, legnosa, e quindi da scartare, quella del gambo; al taglio essa vira dal bianco al rosa aranciato e poi al bruno; odore gradevole.

Stazione di crescita Nei boschi, nei giardini, ai margini dei campi.

Periodo di crescita Da giugno a ottobre.

Utilizzazioni particolari Allo stato fresco: ***
Conservato sott'aceto o sott'olio: –
Allo stato secco: –

Osservazioni La *Macrolepiota rhacodes* è di taglia inferiore rispetto alla *Macrolepiota procera* ed è meno diffusa rispetto a questa. È bene non raccogliere le lepiote di taglia piccola (diametro del cappello inferiore a cm 8) poiché esse annoverano molte specie sospette ed alcune molto velenose.

Nome latino **ARMILLARIA MELLEA**
(Vahl.: Fr.) Kumm.
(Armillariella mellea)

Nome italiano **Chiodino, Famigliola buona, Agarico color miele**

Nomi dialettali *Piemonte*: Famiole, Zucairole - *Lombardia*: Gabbareu, Func murun, Ciodei, Ciuditt - *Veneto*: Fonghi del morar, Ciodeti con l'anelo - *Emilia*: Rogagn, Ciuldàun - *Romagna*: Bdulein - *Toscana*: Famigliola buona - *Campania*: Chiovatelli - *Calabria*: Chiodetti

Valore commestibile BUONO

Caratteri morfologici *Cappello*: dapprima globoso, simile alla capocchia ingrandita di un chiodo, poi conico più o meno allargato, talora spianato, generalmente umbonato al centro e con cuticola più o meno squamosa; il colore varia a seconda della pianta ospite (vedi sotto "stazione di crescita").

Lamelle: abbastanza fitte; leggermente decorrenti sul gambo, ove si prolungano in costolature verticali fino all'anello, sono prima bianche poi brunastre nel fungo adulto stramaturo.

Gambo: cilindrico, spesso leggermente ricurvo, allargato e nerastro vicino alla base, di consistenza fibrosa. Il fungo giovane presenta una membrana bianca (velo parziale) che salda il gambo all'orlo del cappello; quando il fungo si sviluppa, la membrana si lacera e resta sul gambo un residuo a forma di collare più o meno fioccoso.

Carne: quella del cappello è soda; quella del gambo è fibrosa, specie negli esemplari adulti, dei quali è naturalmente opportuno consumare il solo cappello; odore fungino piacevole, sapore amarognolo, che diventa gradevole dopo cottura.

Stazione di crescita Cresce parassita sui tronchi e sulle grosse radici di vari alberi. Il colore del cappello varia a seconda dell'ospite: verde giallastro su robinia, giallo-bruno sulla quercia, grigio giallastro sui gelsi, rossastro e molto squamoso sulle conifere.

Periodo di crescita Dalla fine di agosto a tutto novembre.

Utilizzazioni particolari Allo stato fresco: ***
Conservato sott'aceto o sott'olio: ***
Allo stato secco: –

Nome latino **LEPISTA NUDA**
(Bull.: Fr.) Cke

Nome italiano **Agarico nudo, Agarico violetto**

Nomi dialettali *Lombardia*: Func bleu

Valore commestibile DISCRETO

Caratteri morfologici *Cappello*: carnoso, da globoso a pianeggiante, talora leggermente umbonato, con superficie liscia, ondulata, di colore marrone violaceo (il tono marrone è più marcato al centro); margine dapprima involuto, poi disteso.
Lamelle: fitte, uncinate o leggermente decorrenti sul gambo per un dentino, di colore violaceo chiaro con toni rosati (sulle lamelle si formano delle spore che, in massa, hanno un color bianco rosato).
Gambo: robusto, cilindrico, un po' ingrossato alla base, pieno, di consistenza fibrosa, di colore violaceo.
Carne: tenera e fragile quella del cappello, alquanto fibrosa quella del gambo; al taglio essa evidenzia un colore violaceo chiaro; odore caratteristico di gomma, sapore dolce e debolmente acidulo negli esemplari adulti.

Stazione di crescita Cresce in gruppi numerosi, in terreni ricchi di humus, in mezzo a foglie morte e aghi secchi, nei boschi di latifoglie e di conifere.

Periodo di crescita Da settembre a metà novembre.

Utilizzazioni particolari Allo stato fresco: **
Conservato sott'aceto o sott'olio: **
Allo stato secco: –

Osservazioni La *Lepista nuda* può essere confusa con un fungo mangereccio mediocre, il *Cortinarius violaceus*, che si distingue per la superficie del cappello granulosa, per le lamelle violacee sfumate a maturità di ocra e per un residuo rugginoso di cortina sul gambo. Molto simile alla *Lepista nuda* è la *Lepista glaucocana*, dalla colorazione violacea più chiara, anch'essa mangereccia ma scadente.

Nome latino **CALOCYBE GAMBOSA**
(Fr.: Fr.) Donk
(Tricholoma georgii)

Nome italiano **Prugnolo, Fungo di S. Giorgio**

Nomi dialettali *Piemonte*: Lardet, Borei bianch - *Lombardia*: Antana, Fòns de contrada, Fóng da San Giorg - *Veneto*: Spinarolo, Fungo della saetta

Valore commestibile OTTIMO

Caratteri morfologici *Cappello*: prima convesso, poi appianato, molto carnoso, con superficie di colore bianco-crema o camoscio pallido; margine lievemente ondulato e involuto.
Lamelle: bianco-crema, uncinate, fitte.
Gambo: corto, sodo, biancastro.
Carne: compatta, bianca, di odore molto gradevole (farina bianca).

Stazione di crescita Cresce gregario in cerchi o in file a zig-zag, detti "circoli delle streghe".

Periodo di crescita Da aprile alla fine di maggio, più raramente in estate.

Utilizzazioni particolari Allo stato fresco: ***
Conservato sott'aceto o sott'olio: **
Allo stato secco: –

Osservazioni La presenza del suo micelio, in assenza del corpo fruttifero, è contrassegnata dallo sviluppo di erbe rigogliose e di colore verde cupo.

Nome latino **CLITOCYBE GEOTROPA**
(Bull.) Quél.

Nome italiano **Agarico geotropo**

Nomi dialettali *Trentino* (Riva del Garda): Fong del monte Brione

Valore commestibile BUONO

Caratteri morfologici *Cappello*: carnoso, dapprima convesso, poi spianato, depresso all'interno e con un caratteristico umbone centrale; cuticola liscia, di colore nocciola; margine sottile e involuto.
Lamelle: fitte, lungamente decorrenti sul gambo, dapprima bianche, poi color crema.
Gambo: tronco-conico (allargato alla base), molto duro, fibroso, concolore al cappello salvo alla base, dove è ornato da fiocchi cotonosi bianchi. Negli esemplari adulti è leggermente eccentrico rispetto al cappello.
Carne: bianca e soda; odore molto gradevole.

Stazione di crescita Cresce in grandi famiglie nei boschi e nei pascoli.

Periodo di crescita Da settembre a ottobre (talora anche dopo) in concomitanza di abbondanti piogge.

Utilizzazioni particolari Allo stato fresco: **
Conservato sott'aceto o sott'olio: ***
Allo stato secco: –

Nome latino

LEPISTA INVERSA

(Scop.: Fr.) Pat.
(Clitocybe inversa)

Valore commestibile DISCRETO (qualche volta mal tollerato)

Caratteri morfologici *Cappello*: poco carnoso, dapprima leggermente convesso, poi imbutiforme; cuticola liscia, di colore rosso fulvo; margine sottile e involuto.
Lamelle: fitte, arcuate, decorrenti sul gambo, dapprima bianche, poi di colore nocciola e, con l'invecchiamento, quasi concolori al cappello.
Gambo: esile, cilindrico, un po' ingrossato alla base, fibroso, pieno e poi cavo, concolore alle lamelle.
Carne: fragile, di spessore assai ridotto in corrispondenza del cappello; sapore un po' acido.

Stazione di crescita Cresce in gruppi numerosi in mezzo ad aghi secchi nei boschi di conifere. Sotto latifoglia cresce la sua simile *Lepista flaccida Fr.*

Periodo di crescita Da settembre a metà novembre.

Utilizzazioni particolari Allo stato fresco: **
Conservato sott'aceto o sott'olio: –
Allo stato secco: –

Osservazioni Questo fungo può crescere, vicino alle querce, accanto alla nota e mortale *Amanita phalloides* (detta anche "tignosa verdognola"); inoltre può essere confuso sia con un fungo di ottimo valore commestibile, il *Cantharellus cibarius* (detto anche "gallinaccio") sia con funghi del genere *Lactarius* a lattice bianco, di cui si sconsiglia per prudenza il consumo.

Nome latino **CLITOCYBE NEBULARIS**
(Batsch.: Fr.) Kumm.

Nome italiano **Agarico nebuloso, Agarico nebbioso**

Valore commestibile Da BUONO a SCADENTE (secondo valutazione)

Caratteri morfologici *Cappello*: assai carnoso, inizialmente tondeggiante, poi convesso allargato e infine appianato e centralmente depresso; cuticola liscia, di colore grigio smog, con tonalità più scure al centro; il margine del cappello è un po' involuto negli esemplari giovani, disteso in quelli adulti.
Lamelle: fitte, biancastre, leggermente decorrenti sul gambo.
Gambo: robusto, dapprima pieno, poi spugnoso e cavo, di consistenza fibrosa, allargato alla base, con superficie leggermente fibrilloso-striata.
Carne: bianca, ispessita al centro del cappello; odore tipico, dolciastro, molto forte, non a tutti gradito; sapore gradevole soltanto dopo cottura.

Stazione di crescita Cresce in gruppi molto numerosi in mezzo alle foglie e agli aghi secchi, vicino a latifoglie e conifere.

Periodo di crescita Da ottobre alla fine di novembre (talora anche dopo).

Utilizzazioni particolari Allo stato fresco: **
Conservato sott'aceto o sott'olio: ***
Allo stato secco: –

Osservazioni Questo fungo, velenoso da crudo o poco cotto, va consumato dopo averlo sbollentato (e aver gettato la relativa acqua) allo scopo di rettificare il sapore della carne. Può causare intossicazioni

da accumulo. Si sconsiglia l'uso di esemplari stramaturi poiché si presentano molto spesso verminati. È parassitato da un fungo velenoso (anche quando è ancora nel suo interno allo stato miceliare), la *Volvariella surrecta*, ed è facilmente confondibile con un suo simile altamente velenoso e che cresce insieme a lui nel suo stesso habitat, l'*Entoloma lividum*.

Nome latino **LYOPHYLLUM FUMOSUM**
(Pers.: Fr.) K. & R.: Orton

Valore commestibile BUONO

Caratteri morfologici *Cappello*: carnoso, convesso, più o meno allargato, talora appianato, con un umbone centrale molto arrotondato e con superficie lobato-ondulata; la cuticola è liscia, di un bel colore bruno caffè o nocciola chiaro, ornata da minute fibrille radiali più scure; essa può essere in parte separata dalla carne sottostante.
Lamelle: fitte, bianche o biancastre, adnate o un po' decorrenti, staccabili in blocco.
Gambo: asimmetrico, pieno, di consistenza molto fibrosa, assai elastico negli esemplari adulti; talora può essere ramificato e portare due cappelli.
Carne: quella del cappello è soda e biancastra; quella del gambo è troppo tenace e quindi da scartare; odore gradevole; sapore caratteristico amarognolo nel fungo crudo che migliora dopo la cottura.

Stazione di crescita Cresce in cespi molto folti ai margini dei boschi o sulle rive dei canali, in mezzo all'erba, nei terreni umidi e ricchi di sostanza organica.

Periodo di crescita Da settembre ai primi di novembre.

Utilizzazioni particolari Allo stato fresco: ***
Conservato sott'aceto o sott'olio: **
Allo stato secco: –

Osservazioni Di questo fungo va utilizzato solo il cappello, scartando il gambo, in quanto tenace e alquanto indigesto. Non va confuso con una specie molto velenosa, l'*Entoloma lividum*, che cresce cespi-

tosa, emette un tipico e ingannevole odore di farina e presenta lamelle dapprima gialline poi rosa salmone e infine rosa nocciola.

Nome latino **MARASMIUS OREADES**
(Bolt.: Fr.) Fr.

Nome italiano **Marasmio oreade, Gambesecche**

Nomi dialettali *Toscana*: Fungo color Isabella - *Calabria*: Ordinati

Valore commestibile BUONO

Caratteri morfologici *Cappello*: di esiguo spessore, elastico, dapprima conico-campanulato, poi convesso più o meno allargato e infine appianato, spesso, un po' umbonato al centro; cuticola liscia, un po' igrofana (rivelatrice di umidità), di color nocciola, talora rosso mattone chiaro; margine ondulato e leggermente striato in presenza di umidità.
Lamelle: non tutte uguali (sono infatti intervallate da lamellule), piuttosto distanziate, libere rispetto al gambo, concolori al cappello.
Gambo: cilindrico, molto gracile, concolore al cappello, tenace e di consistenza "spagosa". Il gambo si stacca abbastanza facilmente dal cappello lasciando, nel punto di inserzione, un ombelico circolare.
Carne: biancastra, di esiguo volume in corrispondenza del cappello; odore e sapore gradevoli.

Stazione di crescita Cresce in gruppi molto numerosi nei prati di pianura e di montagna, specialmente dopo abbondanti piogge.

Periodo di crescita Dalla primavera all'autunno (con le maggiori punte nel periodo agosto-ottobre).

Utilizzazioni particolari Allo stato fresco: **
Conservato sott'aceto o sott'olio: –
Allo stato secco: ***

Osservazioni Questo fungo, squisito e assai comune, viene sempre più apprezzato dagli amatori; se ne utilizza soltanto il cappello. Bisogna evitare di raccogliere piccoli funghi sospetti a gambo esile e con lamelle ocracee (le specie dei generi *Conocybe*, *Psilocybe*, *Inocybe*), oppure violacee (certe specie del genere *Stropharia*), oppure nerastre (le specie del genere *Panaeolus*) che crescono in promiscuità con il "gambesecche" e possono essere confusi con esso e arrecare pericolosi avvelenamenti.

Nome latino **PLEUROTUS OSTREATUS**
(Jacq.: Fr.) Kumm.
usare solo quello coltivato: si sconsiglia l'uso degli esemplari non coltivati perché possono causare intossicazioni per cause naturali (gelate)

Nome italiano **Orecchietta, Gelone**

Nomi dialettali *Lombardia*: Orgel, Oregett - *Trentino*: Reccia de morar - *Toscana*: Gelone, Cardella - *Calabria*: Pinella, Aricchieyi - *Sicilia*: Fungi di nipitedda, Fungi d'a codda

Valore commestibile BUONO

Caratteri morfologici *Cappello*: molto carnoso, dapprima leggermente convesso, poi spianato e alquanto depresso, con cuticola di colore variabile (dal grigio al bruno scuro, al bruno chiaro, talora al bruno bluastro) e con margine involuto.
Lamelle: bianche o biancastre, abbastanza distanziate, lungamente decorrenti sul gambo, riunite da venature alla base.
Gambo: corto o addirittura assente, generalmente eccentrico rispetto al cappello e con inserimento laterale nel substrato.
Carne: bianca, tenera (quella degli esemplari adulti è piuttosto tenace); odore e sapore gradevoli.

Stazione di crescita Cresce in cespi più o meno fôlti, simili a gruppi di "conchiglie" o di "orecchie", su tronchi di pioppo, castagno, faggio, tiglio, alberi da frutto, sui quali vive da saprofita.

Periodo di crescita Da ottobre a febbraio.

Utilizzazioni particolari Allo stato fresco: ***
Conservato sott'aceto o sott'olio: ***
Allo stato secco: –

Osservazioni Si tratta di un fungo molto serbevole e sempre più apprezzato; da alcuni anni è coltivato su scala agricolo-industriale e lo si può trovare in vendita per tutta la durata dell'anno. Gli esemplari molto sviluppati sono piuttosto tenaci e vanno sottoposti a prebollitura per 20 minuti circa allo scopo di intenerirne la carne. Non va scambiato per "orecchietta" il *Paxillus involutus*, una specie responsabile di avvelenamenti molto gravi, la quale cresce in terra e non su ceppi e tronchi e presenta cappello marrone con margine involuto, lamelle anastomosate, dapprima giallo chiaro e poi ocracee.

Nome latino **CUPHOPHYLLUS PRATENSIS**
(Pers.: Fr.) Bon
(Hygrophorus pratensis)

Nome italiano **Igroforo pratense**

Nomi dialettali *Veneto*: Doga, Fonga

Valore commestibile BUONO

Caratteri morfologici *Cappello*: inizialmente campanulato e, in un secondo tempo, convesso allargato, di colore fulvo aranciato, un po' fibrilloso, umbonato-schiacciato e con margine attenuato, talora fessurato.
Lamelle: non tutte eguali (presenza di lamellule), decorrenti, arcuate, spaziate, di consistenza cerosa e di colore bianco-crema o giallastro.
Gambo: sodo, esternamente fibrilloso-striato, di colore bianco-crema o fulvo pallido.
Carne: biancastra e di odore gradevole.

Stazione di crescita Cresce in mezzo all'erba dei prati e dei pascoli.

Periodo di crescita Da settembre a ottobre.

Utilizzazioni particolari Allo stato fresco: ***
Conservato sott'aceto o sott'olio: *
Allo stato secco: –

Osservazioni È un igroforo facilmente riconoscibile per il colore aranciato molto diffuso, tale da farlo confondere con l'ottimo gallinaccio (*Cantharellus cibarius*).

Nome latino HYGROPHORUS POETARUM
Heim

Valore commestibile BUONO

Caratteri morfologici *Cappello*: inizialmente convesso e quasi emisferico, poi irregolarmente aperto e leggermente gobboso; la superficie è lucida, di colore bianco candido con qualche sfumatura ocracea.
Lamelle: molto spaziate, decorrenti, bianche.
Gambo: pieno, robusto, piuttosto tenace (e come tale da scartare), svasato sotto le lamelle e attenuato in basso, bianco, con qualche sfumatura ocracea.
Carne: bianca immutabile, spessa in corrispondenza del cappello, emette odore gradevole (di gelsomino).

Stazione di crescita Cresce nei boschi di latifoglie (vicino ai faggi).

Periodo di crescita Da settembre a ottobre.

Utilizzazioni particolari Allo stato fresco: ***
Conservato sott'aceto o sott'olio: *
Allo stato secco: –

Osservazioni Questo igroforo, alla stessa maniera di numerose altre specie, costituisce un ottimo ingrediente per un contorno a base di funghi misti.

Nome latino **HYGROCYBE PUNICEA**
(Fr.: Fr.) Kumm.
(Hygrophorus puniceus)

Nome italiano **Igroforo puniceo**

Nomi dialettali *Toscana*: Orcella di leccio

Valore commestibile BUONO

Caratteri morfologici *Cappello*: poco carnoso, fragile, campanulato e più o meno allargato alla base; superficie liscia, un po' viscida, color rosso sangue; margine un po' incurvato e a volte lobato.
Lamelle: quasi libere rispetto al gambo, spaziate, un po' ventricose, inizialmente giallo chiaro poi rossastre (fatta eccezione per l'orlo delle medesime, che rimane chiaramente giallo).
Gambo: cavo, un po' ondulato, esternamente ornato da minute striature verticali; presenta una tinta giallo aranciata con sfumature rosso ciliegia; alla base si presenta attenuato e biancastro.
Carne: di volume ridotto, biancastra, senza odori né sapori particolari.

Stazione di crescita Cresce in mezzo all'erba dei prati e dei pascoli delle zone montagnose.

Periodo di crescita Da settembre a ottobre.

Utilizzazioni particolari Allo stato fresco: ***
Conservato sott'aceto o sott'olio: *
Allo stato secco: –

Osservazioni Tutti gli igrofori caratterizzati da lamelle cerose e più o meno distanziate sono mangerecci; si sconsiglia soltanto il consumo dell'*Hygrocybe conica* e dell'*Hygrocybe nigrescens* perché dubbi; l'*Hygrophorus pudorinus* presenta uno

sgradevole sapore di trementina ed è molto vischioso (cresce sotto conifere); va consumato soltanto dopo una buona cottura e successiva conservazione sott'aceto o sott'olio.

Nome latino **RUSSULA CYANOXANTHA**
(Sch.) Fr.

Nome italiano **Russola iridescente, Colombina maggiore**

Nomi dialettali *Piemonte*: Colombette - *Lombardia*: Brünèl, Dürèl - *Toscana*: Fungo verdone, Rosella - *Calabria*: Palumbello

Valore commestibile OTTIMO

Caratteri morfologici *Cappello*: prima convesso, poi appianato e depresso al centro, con cuticola parzialmente staccabile e di colore composito e variabile dal grigio-verde al viola cupo; il margine presenta a volte delle leggere striature; la carne sottostante alla cuticola ha un tipico colore viola-ciclamino.
Lamelle: fitte, spesso forcute, un po' arcuate all'inizio, un po' decorrenti sul gambo, bianche, al tatto "lardose"
Gambo: carnoso, da giovane pieno e da adulto internamente spugnoso, rugoso, bianco, talora con piccole sfumature violacee.
Carne: bianca, non assume alcuna colorazione particolare a contatto con una goccia di una soluzione acquosa di solfato ferroso; è praticamente inodore ed è di sapore dolce.

Stazione di crescita Cresce abbondantemente nei boschi di latifoglie (soprattutto castagni e faggi) e di aghifoglie.

Periodo di crescita Da giugno a metà ottobre.

Utilizzazioni particolari Allo stato fresco: ***
Conservato sott'aceto o sott'olio: *
Allo stato secco: **

Osservazioni Questa Russola, in misura molto maggiore rispetto alle altre, si presenta corrosa in superficie da piccoli animali e inoltre è poco serbevole perché soggetta a precoci "tarlature" interne, poste in evidenza dalla cedevolezza della parte centrale del gambo. Quindi è opportuno raccogliere solamente esemplari giovani.

Nome latino **RUSSULA VIRESCENS**
(Sch.) Fr.

Nome italiano **Verdone, Colombina verde, Colombina macchiata**

Nomi dialettali *Lombardia* (Brescia): Molinèra, Verdol - *Veneto*: Filalana - *Emilia Romagna*: Biodein - *Toscana*: Colombine, Vaccherelle

Valore commestibile OTTIMO

Caratteri morfologici *Cappello*: inizialmente arrotondato, poi convesso e infine appianato e depresso al centro; la cuticola presenta piccole e numerose placche verdi su sfondo bianco-crema; il margine ha delle brevi striature e talora è fessurato.
Lamelle: fitte, forcute, di colore bianco-crema.
Gambo: cilindrico o ventricoso, internamente prima pieno e poi spugnoso.
Carne: soda, bianca, con debole odore gradevole e con sapore dolce; a contatto con una goccia di una soluzione acquosa di solfato ferroso diventa rosa pallido.

Stazione di crescita Cresce vicino a latifoglie.

Periodo di crescita Da giugno a metà ottobre.

Utilizzazioni particolari Allo stato fresco: ***
Conservato sott'aceto o sott'olio: *
Allo stato secco: **

Osservazioni Si tratta di una Russola particolarmente soda; si possono riscontrare delle tarlature negli esemplari adulti. Le Russole sono funghi lamellati, sprovvisti di anello e di altri ornamenti (volva) e con carne a frattura gessosa e priva di lattice. Il giudizio di commestibilità si basa sull'assaggio

di un pezzetto di cappello o di gambo: le Russole a carne dolce sono mangerecce, quelle a carne “pepata”, cioè “bruciante” sulla lingua, non sono mangerecce, perché ritenute capaci di provocare qualche malessere gastro-intestinale se consumate in quantità notevoli e da persone dallo stomaco delicato. Rientrano in quest’ultima categoria parecchie Russole di colore rosso: *emetica*, *fragilis*, *sanguinea*, *sardonia*, *atropurpurea* ecc.

Nome latino **RUSSULA AUREA**
Pers.
(Russula aurata)

Nome italiano **Russola dorata, Colombina dorata**

Nomi dialettali *Lombardia*: Fiúr de bolè, Mare de cukú

Valore commestibile OTTIMO

Caratteri morfologici *Cappello*: inizialmente convesso, poi appianato e centralmente depresso; cuticola di colore rosso mattone o rosso-arancio degradante al giallo nella zona centrale del cappello. Detta cuticola è staccabile solo al margine e la carne sottostante presenta un bel colore giallo limone.
Lamelle: le singole lamelle presentano un colore giallo-crema; l'orlo è di colore giallo limone e, di conseguenza, l'insieme delle lamelle presenta tale colore.
Gambo: pieno, consistente, cilindrico, con ampie sfumature giallo limone.
Carne: bianca, fatta eccezione della zona sottostante la cuticola del cappello (vedi sopra); priva di odore particolare, rivela un sapore dolce.

Stazione di crescita Cresce nei boschi di latifoglie.

Periodo di crescita Da giugno a settembre.

Utilizzazioni particolari Allo stato fresco: ***
Conservato sott'aceto o sott'olio: *
Allo stato secco: **

Nome latino **RUSSULA HETEROPHYLLA**
(Fr.: Fr.) Fr.

Nome italiano **Russola eterofilla**

Valore commestibile BUONO

Caratteri morfologici *Cappello*: inizialmente convesso, poi appianato e centralmente depresso; la cuticola, staccabile al margine, è minutamente fibrillosa ed evidenzia una tinta grigio-verde o verde oliva giallastra; in qualche esemplare si può notare una chiazza ocracea al centro.
Lamelle: bianche, fitte, talora con macchioline brune.
Gambo: allargato alla base e con piccole infossature.
Carne: bianca, piuttosto fragile, priva di odore particolare, presenta sapore dolce.

Stazione di crescita Cresce nei boschi di latifoglie e di conifere.

Periodo di crescita Da giugno a settembre.

Utilizzazioni particolari Allo stato fresco: ***
Conservato sott'aceto o sott'olio: *
Allo stato secco: **

Osservazioni Questo fungo va conosciuto molto bene. Un esemplare di *Amanita phalloides* (**velenosa mortale!**) sprovvisto di anello e col gambo spezzato potrebbe essere facilmente scambiato per una *Russula heterophylla*.

Nome latino **RUSSULA MUSTELINA**
Fr.

Nome italiano **Russola mustelina**

Valore commestibile BUONO

Caratteri morfologici *Cappello*: generalmente convesso; cuticola non separabile, di colore bruno non uniforme (simile a quello della faina) con un debole riflesso violaceo; margine inizialmente involuto.
Lamelle: non molto fitte, di colore bruno-crema, con macchie rugginose negli esemplari adulti.
Gambo: duro, pieno, inizialmente ventricoso, poi più o meno cilindrico, rugoso specialmente alla base; presenta colore bianco sulla superficie esterna con sfumature brunastre e con riflessi rosa nella parte superiore.
Carne: bianca con tendenza a imbrunire; quella del gambo evidenzia, al taglio, delle caratteristiche cavità a forma di piccole caverne sub-triangolari; ha sapore dolce ed è pressoché priva di odore particolare.

Stazione di crescita Cresce nei boschi di conifere (soprattutto vicino ai larici).

Periodo di crescita Da agosto a settembre.

Utilizzazioni particolari Allo stato fresco: ***
Conservato sott'aceto o sott'olio: **
Allo stato secco: **

Osservazioni Si tratta di una specie di Russola a carne molto soda che, purtroppo, non è molto frequente.

Nome latino **LACTARIUS DELICIOSUS**
(L.: Fr.) S.F. Gray

Nome italiano **Lapacendro buono, Lattario delizioso**

Nomi dialettali *Piemonte*: Troun rouss, Troun del lat gioun *Lombardia*: Func del sank - *Veneto*: Fongo dal pin, Sanguignol - *Liguria*: Sanguin - *Calabria*: Rusitu, Piniculu

Valore commestibile BUONO

Caratteri morfologici *Cappello*: nella forma tipica presenta colore rosso-arancio, rosa-arancio fino al carnicino-bruno, con patina biancastra e con larghe zonature arancio sporco che, con l'invecchiamento, diventano verdastre.
Lamelle: arcuate, un po' decorrenti, di colore crema-arancio; sono molto fragili e in caso di rottura si arrossano per la fuoruscita del lattice.
Gambo: corto, di color crema-arancio, internamente cavo.
Carne: biancastra nelle parti interne del cappello e del gambo, emette odore acidulo di frutta e presenta un sapore un po' acre; al taglio fuoriesce un lattice rosso carota che, dopo qualche tempo, impallidisce e tende al verde.

Stazione di crescita Cresce sotto il pino silvestre su suolo acido o calcareo.

Periodo di crescita Da luglio a settembre (nelle zone appenniniche fino a circa la fine di ottobre).

Utilizzazioni particolari Allo stato fresco: ***
Conservato sott'aceto o sott'olio: **
Allo stato secco: –

Osservazioni Questo Lattario va cucinato in maniera particolare a causa della spappolabilità della sua carne: deve essere tagliato finemente e poi impastato con del prezzemolo per preparare delle "crostate" da cuocere alla graticola. Vi sono Lattari a lattice color rosso carota, virante al rosso vinato dopo un intervallo di tempo più o meno lungo, che hanno un valore commestibile inferiore al *Lactarius deliciosus* sopra descritto: il *Lactarius salmonicolor* che cresce sotto l'abete bianco, il *Lactarius deterrimus* che cresce sotto l'abete rosso, il *Lactarius semi-sanguifluus* che cresce di solito sotto il pino nero.

Nome latino **LACTARIUS SANGUIFLUUS** (Paul) Fr.

Nome italiano **Lapacendro sanguigno**

Nomi dialettali *Veneto*: Fong del sangue, Sanguigno

Valore commestibile OTTIMO

Caratteri morfologici *Cappello*: ricurvo, depresso al centro, di colore arancio incarnato con zone più scure, di color rosso vinato e con sfumature verdastre.
Lamelle: arcuate, piuttosto fitte, leggermente decorrenti, di colore aranciato con tonalità violacee.
Gambo: il più delle volte corto e farcito, cavo negli esemplari adulti, concolore alle lamelle.
Carne: bianca nelle parti interne del cappello e del gambo; al taglio lascia fuoruscire un lattice che presenta subito un colore rosso vinato scuro; odore lieve e sapore leggermente piccante.

Stazione di crescita Cresce sotto il pino nero e il pino silvestre su terreno calcareo.

Periodo di crescita Da luglio a settembre.

Utilizzazioni particolari Allo stato fresco: ***
Conservato sott'aceto o sott'olio: **
Allo stato secco: –

Osservazioni I Lattari dal lattice inizialmente di colore rosso carota o rosso vinato sono mangerecci. I Lattari a lattice bianco, invece, non sono idonei al consumo perché – a seconda delle specie – dubbi oppure acri (e, in quanto tali, sospettati di provocare qualche malessere gastrico), oppure velenosi (*Lactarius torminosus*, detto "peveraccio delle coliche").

Nome latino **CORTINARIUS PRAESTANS**
(Cordier) Gill.

Nome italiano **Cortinario prestante, Occhio di bue**

Nomi dialettali *Lombardia*: Barbù négher, Cukù faraù, Faraù

Valore commestibile BUONO

Caratteri morfologici *Cappello*: da globoso-emisferico a convesso, infine aperto; un po' vischioso per l'umidità, di colore marrone con riflessi violacei. Il margine del cappello è inizialmente involuto e congiunto al gambo da un velo araneoso (cortina) e, in un secondo tempo, nudo e striato.
Lamelle: ventricose, di colore violaceo o giallo grigiastro; assumono una marcata tinta giallo ruggine non appena maturano le spore.
Gambo: robusto, pieno, dapprima tozzo e panciuto, poi slanciato e bulboso alla base, di colore viola pallido in alto e spesso, da giovane, ricoperto da placche violacee.
Carne: di colore bianco violaceo, soda, di buon sapore, piuttosto inodore.

Stazione di crescita Cresce soprattutto vicino ai faggi, nei terreni calcarei o argilloso-calcarei.

Periodo di crescita Luglio-settembre.

Utilizzazioni particolari Allo stato fresco: ***
Conservato sott'aceto o sott'olio: ***
Allo stato secco: –

Osservazioni Questo Cortinario, facilmente riconoscibile da adulto (da giovane può essere banalmente scambiato per un giovane porcino), è l'unico – tra i molti innocui – di cui si consiglia il consumo, in virtù della sua sapidità.

Nome latino **KUEHNEROMYCES MUTABILIS**
(Scop.: Fr.) Sing.
(Pholiota mutabilis)

Nome italiano **Foliota mutabile, Foliota cangiante, Famigliola gialla**

Nomi dialettali *Veneto*: Broche, Brochete

Valore commestibile OTTIMO

Caratteri morfologici *Cappello*: convesso-gobboso o spianato, umbonato, di colore bruno cannella. Esso è igrofano (rivelatore di umidità); infatti, qualora si verifichi un assorbimento di acqua vicino al margine, rivela una colorazione marrone più scura, sicché risulta bicolore.
Lamelle: annesse, fitte, giallastre, diventano di colore bruno cannella non appena maturano le spore.
Gambo: esile, dapprima pieno e poi cavo, concolore al cappello, nereggiante alla base e ricoperto, sotto l'anello, da minute squame; anello appena percettibile e fugace.
Carne: biancastra e di odore gradevole.

Stazione di crescita Cresce cespitoso sui vecchi tronchi e sulle ceppaie.

Periodo di crescita Per gran parte dell'anno, soprattutto nel periodo estivo dopo abbondanti piogge.

Utilizzazioni particolari Allo stato fresco: ***
Conservato sott'aceto o sott'olio: –
Allo stato secco: –

Osservazioni Questo fungo può essere confuso con altri funghi cespitosi *commestibili* (*Armillaria mellea*, *Flammulina velutipes* [*Collybia velutipes*], *Lyophyllum fumosum*), ma anche con funghi *non commestibili* perché sospetti (ad esempio, i falsi chiodini, vale a dire le specie *Hypholoma fasciculare* e *Hypholoma sublateritium*, le quali, a differenza dell'*Armillaria mellea*, presentano assenza di anello e lamelle gialle, verdastre o viola).

Nome latino **ROZITES CAPERATUS**
(Pers.: Fr.) P. Karst.
(Rozites caperata)

Nome italiano **Foliota grinzosa**

Valore commestibile BUONO

Caratteri morfologici *Cappello*: dapprima emisferico, poi convesso più o meno allargato e infine quasi piatto; di colore giallastro, nell'esemplare giovane è coperto da squamette argentee, delle quali una parte rimane visibile in zona centrale anche da adulto; il margine è striato.
Lamelle: adnate, dapprima gialline, poi ocracee, con orlo seghettato, piuttosto spaziate.
Gambo: giallo paglierino, cilindrico, un po' attenuato verso l'alto, fibroso, munito di anello; la porzione di gambo sovrastante l'anello è squamulosa, quella sottostante è fibrillosa.
Carne: tenera, bianca o di colore giallo sporco, pressoché inodore e di sapore dolce.

Stazione di crescita Cresce nei boschi di conifere e di latifoglie, su terreno siliceo.

Periodo di crescita Da luglio a settembre.

Utilizzazioni particolari Allo stato fresco: ***
Conservato sott'aceto o sott'olio: ***
Allo stato secco: –

Osservazioni Gli esemplari giovani (dal cappello chiuso) si prestano alla conservazione sott'aceto o sott'olio; gli esemplari adulti, prima di essere utilizzati, vanno privati dei gambi tenaci.

Nome latino **AGROCYBE AEGERITA**
(Brig.) Fayod

Nome italiano **Foliota egerita, Piopparello**

Nomi dialettali *Lombardia*: Albarèla - *Veneto*: Fong de salgár
Calabria: Fungiu di Melicucchiu o di Chiuppu

Valore commestibile OTTIMO

Caratteri morfologici *Cappello*: carnoso, dapprima emisferico e di colore marrone intenso, poi convesso e infine appianato, con un colore ocraceo pallido diffuso e un'area centrale più scura; la cuticola, talvolta, è screpolata.
Lamelle: annesse, inizialmente quasi bianche, poi di colore bruno tabacco dovuto alla maturazione delle spore.
Gambo: ricurvo, pieno, assai tenace, esternamente bianco o fibrilloso, munito di un anello, il quale è orizzontalmente teso negli esemplari giovani e pressoché impercettibile in quelli adulti.
Carne: quella del cappello è soda, di odore tipico e di sapore gradevole; quella del gambo legnosa, pertanto da scartare.

Stazione di crescita Cresce cespitoso sul pedale dei pioppi vivi o sulle ceppaie di quelli abbattuti.

Periodo di crescita Dalla primavera all'autunno.

Utilizzazioni particolari Allo stato fresco: ***
Conservato sott'aceto o sott'olio: ***
Allo stato secco: –

Osservazioni Questo fungo è attualmente coltivato a livello artigianale in Campania, con produzione in pieno campo. La coltivazione a livello industriale,

entro capannoni chiusi, non è attualmente possibile, sia per la lunga durata dell'"infungamento" del substrato (sviluppo del micelio), sia per la formazione di fitte nebbie sporali e di odori che ostacolerebbero la circolazione del personale attorno ai letti di produzione.

Nome latino **AGARICUS CAMPESTRIS**
L.: Fr.
(Psalliota campestris)

Nome italiano **Prataiolo**

Nomi dialettali *Lombardia*: Pradarœu - *Veneto*: Fong de prà, Fong de la rosada

Valore commestibile OTTIMO

Caratteri morfologici *Cappello*: inizialmente emisferico o troncato, poi convesso più o meno appianato, carnoso, con cuticola bianca setosa, la quale in certe varietà è ornata da minute scaglie brune; margine liscio.
Lamelle: fitte, non tutte uguali, libere rispetto al gambo, leggermente rosate nei soggetti giovani, in un secondo tempo di colore marrone in seguito a maturazione delle spore.
Gambo: bianco, cilindrico, pieno, parzialmente cavo a fine sviluppo, leggermente attenuato alla base; è munito di anello membranoso, piuttosto effimero.
Carne: soda, al taglio si presenta bianca, poi tende a divenire rosa specialmente alla base; sapore e odore molto gradevoli.

Stazione di crescita Si trova abbondante nei pascoli, nei prati, in terreni ricchi di humus.

Periodo di crescita Dalla primavera all'autunno, con le maggiori punte in estate dopo le piogge.

Utilizzazioni particolari Allo stato fresco: ***
Conservato sott'aceto o sott'olio: **
Allo stato secco: *

Osservazioni Questo fungo può essere confuso con un altro *commestibile* (il *Leucoagaricus leucothites* [*Lepiota naucina*] che ha anello ballerino e lamelle ventricose bianche o leggermente rosate) ma anche con funghi *velenosi mortali* (l'*Amanita verna* e l'*Amanita virosa*, che hanno lamelle, anello e gambo bianchi e il bulbo del gambo avvolto da una specie di calza).

Nome latino **AGARICUS ARVENSIS**
Sch.
(Psalliota arvensis)

Nome italiano **Psalliota arvense, Prataiolo maggiore**

Nomi dialettali *Lombardia*: Bolét blanc, Cukú blanc - *Veneto*: Fongo pradariol, Rossetto de prà - *Emilia*: Pardarol

Valore commestibile OTTIMO

Caratteri morfologici *Cappello*: inizialmente emisferico, poi convesso e appianato; cuticola liscia, bianca, un po' scura al centro, la quale al tatto diventa un po' gialla.
Lamelle: libere rispetto al gambo, ventricose, inizialmente biancastre, poi rosate, infine di colore marrone violaceo in seguito alla maturazione delle spore.
Gambo: robusto, un po' inspessito alla base, bianco, internamente midolloso.
Carne: spessa, al taglio si presenta bianca e poi tende ad inscurire leggermente; emette un gradevole odore di anice e presenta un buon sapore.

Stazione di crescita Cresce in gruppi nei pascoli, nei boschi e nelle brughiere.

Periodo di crescita Da luglio a metà ottobre, specialmente dopo abbondanti piogge.

Utilizzazioni particolari Allo stato fresco: ***
Conservato sott'aceto o sott'olio: **
Allo stato secco: *

Osservazioni Questo fungo è confondibile sia con il *mangereccio Leucoagaricus leucothites* (*Lepiota naucina*) sia con le **mortali** *Amanita verna* e *Amanita*

virosa. Non tutti i prataioli sono commestibili, vi sono due specie *alquanto indigeste*: l'*Agaricus* (*Psalliota*) *xanthoderma* (caratterizzato da un odore disgustoso di inchiostro e dal colore giallo vivo della carne alla base del gambo; tale tinta si evidenzia anche sulla superficie del cappello e del gambo dopo strofinio), l'*Agaricus romagnesii* (*Psalliota radicata*) (cappello squamoso e appendice radiciforme alla base del gambo).

Nome latino **AGARICUS BISPORUS**
(Lange) Imbach
(coltivata)
(Psalliota hortensis var. bispora)

Nome italiano **Prataiolo coltivato**

Valore commestibile BUONO

Caratteri morfologici *Cappello*: presenta tinte variabili dal bianco candido al nocciola chiaro; è emisferico nel fungo giovane e più o meno appianato nell'adulto; la cuticola è liscia, il margine è inizialmente involuto e saldato al gambo da un velo, detto "parziale".
Lamelle: libere, fitte, biancastre, poi di colore marrone con la maturazione delle spore.
Gambo: cilindrico, sodo, un po' bulboso, internamente spugnoso; munito di anello (ciò che rimane del velo parziale dopo l'apertura del cappello).
Carne: bianca; negli esemplari vecchi tende a imbrunire al taglio.

Stazione di crescita Oltre che sui letti di produzione, lo si può trovare nei prati, specialmente dove si scaricano i terreni esausti delle fungaie.

Utilizzazioni particolari Allo stato fresco: ***
Conservato sott'aceto o sott'olio: **
Allo stato secco: –

Nome latino **GOMPHIDIUS GLUTINOSUS**
(Sch.: Fr.) Fr.

Nome italiano **Gonfidio viscoso, Chiodello**

Nomi dialettali *Veneto*: Ciodo, Ciodeto

Valore commestibile BUONO

Caratteri morfologici *Cappello*: convesso, poi più o meno allargato, carnoso, ricoperto da una cuticola bruno violacea molto vischiosa e totalmente asportabile. Il cappello ha un margine inizialmente involuto e saldato al gambo da un velo fibrilloso e gelatinoso (non va scambiato per una "cortina"!).
Lamelle: spaziate, decorrenti, dapprima biancastre e poi nere a maturazione delle spore.
Gambo: pieno, sodo, con una leggera strozzatura vicino alle lamelle; è ricoperto in superficie da una patina glutinosa; è bianco in alto e di color giallo zafferano alla base.
Carne: tenera, bianca, un po' bruna, sotto la cuticola del cappello e di color giallo zafferano alla base; priva di odore particolare.

Stazione di crescita Cresce nei boschi di conifere.

Periodo di crescita Estate-autunno.

Utilizzazioni particolari Allo stato fresco: ***
Conservato sott'aceto o sott'olio: *
Allo stato secco: –

Osservazioni Questo fungo non va scambiato per un Cortinario e durante la preparazione deve essere privato totalmente della cuticola del cappello; è particolarmente indicato per la preparazione del "misto funghi", il colore nerastro della carne, durante la cottura, non pregiudica affatto la sua buona commestibilità.

Nome latino **COPRINUS COMATUS**
(Müll.: Fr.) Pers.

Nome italiano **Coprino chiomato, Fungo dell'inchiostro**

Valore commestibile OTTIMO

Caratteri morfologici *Cappello*: inizialmente campanulato-paraboloide con una cuticola bianca, lacerata in squame regolarmente disposte che gli conferiscono l'aspetto di un mantello di pecora. La parte centrale del cappello evidenzia una grossa squama marrone, in un secondo tempo il cappello diventa conico con evidente arricciamento del bordo verso l'alto.
Lamelle: dapprima fitte, quasi inseparabili l'una dall'altra e bianco candide, poi, a partire dal margine del cappello, diventano progressivamente rosee, violacee e infine nere e deliquescenti: il cappello praticamente si dissolve in un liquido nerastro.
Gambo: facilmente staccabile, cavo, con corteccia sottile; è attenuato verso l'alto con un allargamento a circa metà altezza; anello bianco, ballerino, simile a un piccolo collare che si stacca facilmente.
Carne: quella del cappello è bianca tenera, senza odore e sapore particolari, con tendenza a sciogliersi in un liquido nero in vecchiaia.

Stazione di crescita Cresce a gruppi in terreni umidi e ricchi di humus.

Periodo di crescita Da luglio a ottobre (talora anche in primavera).

Utilizzazioni particolari Allo stato fresco: ***
Conservato sott'aceto o sott'olio: –
Allo stato secco: –

Osservazioni Questo fungo si può confondere col *Coprinus atramentarius*, più basso, ma più tozzo, cespitoso e con cappello striato di color grigio ardesia: esso provoca una sindrome eretistica simile all'effetto "Antabuse" (arrossamenti cutanei, respiro faticoso, ronzii auricolari, tachicardia ecc.) qualora ingerito assieme a bevande alcoliche. Il *Coprinus comatus* va consumato da solo, saltato brevemente al burro o crudo in insalata. Sempre solo il cappello e se assolutamente bianco.

Nome latino **BOLETUS EDULIS**
Bull.: Fr.

Nome italiano **Boleto edule, Porcino, Ceppatello buono**

Nomi dialettali *Piemonte*: Bolè, Castagneul, Durèt - *Lombardia*: Ferée, Bolèr négher, Legorzela - *Veneto*: Pressanella, Bolèo, Brisa - *Emilia*: Cinpadell - *Toscana*: Ceppatello - *Campania*: Silve, Monete - *Puglia*: Fungo munitola - *Calabria*: Vavusu - *Sicilia* (Catania): Siddi

Valore commestibile OTTIMO

Caratteri morfologici *Cappello*: dapprima emisferico e poco sviluppato rispetto al gambo, in seguito piano convesso, sodo, carnoso; la cuticola è liscia, talora un po' viscida, di colore variabile da nocciola a bruno più o meno scuro.
Tubuli e pori: tubuli facilmente separabili dal cappello sovrastante, assai fitti, dapprima bianchi e corti e in seguito gialli, giallo olivastri e lunghi; pori rotondi, dapprima bianchi nel loro insieme e quasi indistinguibili l'uno dall'altro, poi gialli quindi olivastri e aperti.
Gambo: robusto, dapprima panciuto o clavato, in seguito allungato e più o meno cilindrico; pieno; la corteccia è di colore pallido o nocciola chiaro, ornata nella parte superiore da un reticolo biancastro più chiaro del fondo.
Carne: soda, bianca al taglio e immutabile; di ottimo profumo e di ottimo sapore.

Stazione di crescita Cresce sia nei boschi di conifere (abete rosso) che nei boschi di latifoglie.

Periodo di crescita Da agosto a settembre.

Utilizzazioni particolari Allo stato fresco: ***
Conservato sott'aceto o sott'olio: ***
Allo stato secco: ***

Osservazioni Le tre specie porcine (*Boletus edulis*, *Boletus aereus*, *Boletus pinophilus* [*pinicola*]) posseggono una triplice attitudine culinaria: si prestano molto bene sia al consumo fresco, sia all'essiccamento, sia alla conservazione sott'olio o sott'aceto. Pertanto si consiglia di destinare al condizionamento solo esemplari sani, ben ripuliti e molto giovani (cappello chiuso).

Nome latino **BOLETUS AEREUS**
Bull.: Fr.

Nome italiano **Porcino nero, Bronzino**

Nomi dialettali *Lombardia*: Ferée négher - *Veneto*: Carpanòte
Trentino: Brisa mora - *Toscana*: Leccino

Valore commestibile OTTIMO

Caratteri morfologici *Cappello*: dapprima emisferico, poi convesso più o meno appianato, sodo, carnoso; la cuticola è secca, vellutata e di colore bronzeo, cioè bruno-nero (donde il nome della specie).
Tubuli e pori: hanno gli stessi caratteri di quelli del *Boletus edulis*.
Gambo: tozzo, robusto, panciuto o clavato; in superficie ocraceo, fulvo brunastro con un evidente reticolo di colore chiaro con tendenza a inscurire.
Carne: soda, bianca al taglio e immutabile; di sapore e profumo ottimi.

Stazione di crescita Cresce nei boschi di latifoglie (querce).

Periodo di crescita Da maggio a ottobre.

Utilizzazioni particolari Allo stato fresco: ***
Conservato sott'aceto o sott'olio: ***
Allo stato secco: ***

Osservazioni Le zone maggiormente tributarie sono quelle meridionali della penisola (Calabria) e la Jugoslavia, donde viene importato un quantitativo considerevole.

Nome latino **BOLETUS PINOPHILUS**
Pil. & Derm.
(Boletus pinicola)

Nome italiano **Boleto dei pini, Brisa mora**

Valore commestibile OTTIMO

Caratteri morfologici *Cappello*: dapprima emisferico, poi convesso più o meno allargato, con cuticola intensamente colorata in bruno cioccolato-rossastro; negli esemplari giovani il margine è debordante e ricoperto da una pruina argentea.
Tubuli e pori: hanno gli stessi caratteri di quelli del *Boletus edulis*.
Gambo: sodo, robusto, panciuto o clavato a seconda dell'età; in superficie si presenta ornato fino alla base da un reticolo rossastro.
Carne: soda, bianca al taglio e immutabile; sotto la cuticola del cappello si nota una pigmentazione bruno rossastra.

Stazione di crescita Cresce nei boschi di conifere (pino silvestre, abete rosso) e anche di latifoglie.

Periodo di crescita Da maggio a ottobre (compare in anticipo rispetto alle predette specie porcine).

Utilizzazioni particolari Allo stato fresco: ***
Conservato sott'aceto o sott'olio: ***
Allo stato secco: ***

Osservazioni Le specie porcine descritte sono soggette a "tarlature", cioè ad attacchi di insetti parassiti (larve di coleotteri, lepidotteri, ditteri).

Se il danno è *leggero* (la base del gambo presenta qualche "galleria" di erosione), basta tagliare l'esemplare in senso verticale ed espellere il parassita spargendo un pizzico di sale; da ultimo si fa una bella pulizia col coltello.
Se invece il danno è grave (la carne del gambo e/o quella del cappello è ridotta a una massa bruna, sbriciolabile, letteralmente invasa da larve e infarcita di escrementi), l'esemplare deve essere gettato via per ragioni di salubrità.

Nome latino **BOLETUS APPENDICULATUS**
Sch.

Nome italiano **Boleto appendicolato**

Valore commestibile BUONO

Caratteri morfologici *Cappello*: dapprima emisferico, poi convesso più o meno allargato; cuticola un po' vellutata, bruna, con toni ocracei o rossastri.
Tubuli e pori: lo strato dei tubuli tocca il gambo; i tubuli sono corti e gialli; i pori piccoli, rotondi, gialli, si macchiano di blu al tocco.
Gambo: sodo, tozzo, ventricoso o clavato, giallo, ornato da un reticolo concolore, rosso brunastro alla base.
Carne: soda, di colore giallo pallido; al taglio tende a virare leggermente al blu in corrispondenza del cappello; alla base presenta una tipica sfumatura rossastra; l'odore e il sapore sono gradevoli (di nocciola nel fungo adulto).

Stazione di crescita Cresce nei boschi di latifoglie (faggi).

Periodo di crescita Da luglio a ottobre.

Utilizzazioni particolari Allo stato fresco: ***
Conservato sott'aceto o sott'olio: ***
Allo stato secco: ***

Nome latino **BOLETUS ERYTHROPUS**
Pers.: Fr.

Valore commestibile BUONO (dopo cottura)

Caratteri morfologici *Cappello*: dapprima emisferico, poi convesso più o meno allargato, sodo, carnoso; la cuticola è vellutata, generalmente di colore bruno scuro uniforme; negli esemplari giovani il margine del cappello è incurvato verso il gambo.
Tubuli e pori: lo strato dei tubuli è separato rispetto al gambo; i tubuli sono più o meno lunghi, dapprima gialli, poi verdastri; lo strato di carne del cappello aderente ai tubuli, una volta posto a contatto dell'aria, vira dal giallo al blu; i pori sono piccoli, rotondi, di colore aranciato o rosso carminio; diventano bluastri al tocco.
Gambo: ventricoso o clavato, di colore giallo o aranciato, brunastro alla base, picchiettato da numerosi e piccoli puntini rossi.
Carne: di colore giallo, al taglio vira rapidamente al verde e poi al blu scuro; odore e sapore gradevoli.

Stazione di crescita Cresce nei boschi ben illuminati, nelle radure, lungo i sentieri, soprattutto su terreno siliceo.

Periodo di crescita Da luglio a ottobre.

Utilizzazioni particolari Allo stato fresco: ***
Conservato sott'aceto o sott'olio: *** (previa cottura)
Allo stato secco: ** (dopo cottura)

Osservazioni Raccomandiamo ai lettori di non confondere questo fungo mangereccio con il *Boletus purpureus*, tossico da crudo e indigesto dopo cottura

(quest'ultimo si differenzia per il fatto di presentare delle sfumature rossastre sul cappello e un vistoso reticolo rosso nella parte inferiore del gambo), o con il velenoso *Boletus satanas*, dal cappello biancastro. Attenzione, quindi, a non commettere errori con questi funghi.

Nome latino **KROMBHOLZIELLA AURANTIACA**
(Bull.: Fr.) Maire
(Leccinum aurantiacum)

Nome italiano **Porcinello rosso, Alberello rosso**

Nomi dialettali *Lombardia*: Albarèla, Bröghel, Gambìtt, Russin
Veneto: Brisa rossa

Valore commestibile DISCRETO

Caratteri morfologici *Cappello*: assai carnoso, da emisferico a convesso più o meno allargato; negli esemplari giovani il margine è aderente al gambo; la cuticola è secca, un po' vellutata, di colore rosso mattone o arancio; essa tende a impallidire con l'età ed è "debordante" (presenta cioè l'orlo ripiegato sui pori negli esemplari giovani).
Tubuli e pori: lo strato dei tubuli è piuttosto alto e ben separato dal gambo; tubuli e pori sono dapprima bianchi, poi grigiastri.
Gambo: pieno, di consistenza legnosa, slanciato, quasi cilindrico (un po' attenuato verso l'alto); presenta un colore bianco, poi grigiastro ed è ricoperto da minute squame puntiformi, più o meno scure, disposte su linee verticali; spesso la base è macchiata di blu.
Carne: quella del cappello è abbastanza soda e, al taglio, da bianca diventa rapidamente rosa violacea e poi nerastra; quella del gambo è legnosa, alquanto indigesta e quindi da scartare; odore e sapore gradevoli.

Stazione di crescita Lo si trova con maggior frequenza vicino al pioppo tremolo.

Periodo di crescita Da luglio a ottobre.

Utilizzazioni particolari Allo stato fresco: ***
Conservato sott'aceto o sott'olio: **
Allo stato secco: **

Nome latino **LECCINUM SCABRUM**
(Bull.: Fr.) S.F. Gray
(Krombholziella scabra)

Nome italiano **Porcinello bruno, Porcinello grigio**

Nomi dialettali *Piemonte*: Cravette, Gambotte - *Lombardia*: Tavarnèe, Leguratt - *Veneto*: Albarelo - *Trentino*: Brisot - *Toscana*: Cerrino

Valore commestibile DISCRETO

Caratteri morfologici *Cappello*: da emisferico a convesso più o meno allargato; margine incurvato verso il gambo negli esemplari giovani, poi disteso; la cuticola è liscia, umida, rugosa, talora screpolata, di colore generalmente grigio-bruno, talora grigio chiaro od olivastro.
Tubuli e pori: lo strato dei tubuli è alto; tubuli e pori sono di colore bianco grigiastro; i pori sono piccoli e rotondi.
Gambo: pieno, di consistenza legnosa, slanciato, quasi cilindrico, un po' attenuato verso l'alto; presenta un colore bianco grigiastro ed è ricoperto da piccole squame puntiformi nerastre, disposte su linee verticali.
Carne: quella del cappello è tenera; al taglio da bianca diventa rapidamente rosa violacea e poi nerastra; quella del gambo è di consistenza legnosa, alquanto indigesta e quindi da scartare, odore e sapore gradevoli.

Stazione di crescita Cresce specialmente vicino a noccioli e a carpini (attenzione: nelle vicinanze può crescere anche la **mortale** *Amanita phalloides!*).

Periodo di crescita Da giugno a ottobre.

Utilizzazioni particolari Allo stato fresco: ***
Conservato sott'aceto o sott'olio: **
Allo stato secco: **

Nome latino **SUILLUS GREVILLEI**
(Klot.) Sing.
(Boletus elegans, Suillus elegans)

Nome italiano **Boleto elegante, Laricino**

Valore commestibile DISCRETO

Caratteri morfologici *Cappello*: carnoso nella parte centrale, convesso più o meno allargato, talora un po' mammellonato al centro; cuticola molto viscida, facilmente separabile per tutta la sua estensione, di colore giallo limone o giallo cuoio; la cuticola deborda formando, nel fungo giovane, una membrana biancastra (velo parziale) che ricopre i pori e si salda al gambo.
Tubuli e pori: tubuli corti, gialli; pori molto piccoli, rotondi o un po' angolosi, gialli od olivastri.
Gambo: cilindrico, un po' ingrossato alla base, giallo, fibrilloso sotto l'anello; quest'ultimo, che è il residuo del sopraccitato velo parziale, è spesso ridotto a un collare poco evidente.
Carne: molle, giallo chiaro quella del cappello; un po' tenace e scura quella del gambo; odore e sapore poco marcati.

Stazione di crescita Assai comune sotto i larici.

Periodo di crescita Da luglio a ottobre.

Utilizzazioni particolari Allo stato fresco: **
Conservato sott'aceto o sott'olio: *
Allo stato secco: –

109

Nome latino **SUILLUS LUTEUS**
(L.: Fr.) Roussel
(Boletus luteus)

Nome italiano **Boleto giallo**

Nomi dialettali *Piemonte*: Pseirin de l'anel - *Lombardia*: Pinerö-la - *Veneto*: Fong delle caure, Brisa falsa

Valore commestibile BUONO

Caratteri morfologici *Cappello*: carnoso, dapprima emisferico, poi convesso più o meno appianato, talora leggermente umbonato; cuticola molto viscida, facilmente separabile per tutta la sua estensione, di un bel colore marrone cioccolato; essa "deborda" formando nel fungo giovane una membrana bianco-lilla (velo parziale) che ricopre i pori e si salda al gambo.
Tubuli e pori: tubuli corti, giallo chiaro od olivastri; pori piccoli, rotondi o un po' angolosi, color giallo chiaro oppure brunastri (nell'adulto).
Gambo: piuttosto corto, duro, cilindrico, talora un po'ingrossato alla base, biancastro o giallo pallido con granulazioni brune sopra l'anello, bruno violacee alla base; l'anello è dapprima membranoso e bianco violaceo, in un secondo tempo si riduce a un collare nerastro.
Carne: quella del cappello è piuttosto molle; più consistente quella del gambo, di color giallo chiaro; odore e sapore molto gradevoli.

Stazione di crescita Cresce alla base dei pini a due aghi (pino silvestre, pino nero, pino mugo) in mezzo all'erba.

Periodo di crescita Da luglio a ottobre.

Utilizzazioni particolari Allo stato fresco: ***
Conservato sott'aceto o sott'olio: ***
Allo stato secco: **

Nome latino **XEROCOMUS BADIUS**
(Fr.) Kühn. & Gilb.
(Boletus badius)

Nome italiano **Boleto badio**

Valore commestibile BUONO

Caratteri morfologici *Cappello*: da emisferico a convesso, liscio, un po' vellutato, di un bel colore marrone "baio" uniforme.
Tubuli e pori: lo strato dei tubuli tocca il gambo; tubuli dapprima corti e biancastri, poi lunghi e verde olivastro; pori assai piccoli, angolosi, concolori ai tubuli, si macchiano di blu al tocco.
Gambo: più o meno slanciato, un po' asimmetrico, giallo brunastro, fibrilloso.
Carne: molle, marroncina sotto la cuticola, biancastra in corrispondenza del cappello (con leggera tendenza a diventare blu sopra i tubuli); giallastra in corrispondenza del gambo; sapore gradevole.

Stazione di crescita Cresce di solito nei boschi di conifere, più raramente sotto latifoglie.

Periodo di crescita Da luglio a ottobre.

Utilizzazioni particolari Allo stato fresco: ***
Conservato sott'aceto o sott'olio: **
Allo stato secco: **

Nome latino **XEROCOMUS CHRYSENTERON**
(Bull.) Quél.
(Boletus chrysenteron)

Valore commestibile DISCRETO

Caratteri morfologici *Cappello*: carnoso, convesso, più o meno allargato, finemente tomentoso, di un bel colore bruno camoscio uniforme, spesso fessurato in maniera da evidenziare il colore rosso carminio della carne sottostante.
Tubuli e pori: lo strato dei tubuli tocca il gambo e non è molto alto; pori piuttosto grandi, dapprima color giallo poi verde scuro.
Gambo: slanciato, pieno, in superficie giallastro con fibrille rosse.
Carne: rossa sotto la cuticola, biancastra in corrispondenza del cappello (con tendenza a diventare blu sopra i tubuli), giallina in corrispondenza del gambo; odore debole, sapore gradevole.

Stazione di crescita Cresce nei boschi, senza preferenze particolari.

Periodo di crescita Da luglio a ottobre.

Utilizzazioni particolari Allo stato fresco: **
Conservato sott'aceto o sott'olio: **
Allo stato secco: **

Nome latino **HYDNUM REPANDUM**
L.: Fr.

Nome italiano **Steccherino dorato**

Nomi dialettali *Piemonte*: Peivrin, Sprisset - *Lombardia*: Gallinœu spinôs, Barbun - *Veneto*: Barbon bianc - *Emilia*: Dintein - *Calabria*: Mussu 'e voi

Valore commestibile DISCRETO

Caratteri morfologici *Cappello*: carnoso, molto fragile, prima convesso e poi piano e depresso in zona centrale; il margine è involuto negli esemplari giovani e irregolarmente lobato; la superficie presenta un colore arancione rosato uniforme, simile a quello della crosta di pane.
Imenio ad aculei: gli aculei sono dapprima piccoli e bianchi, poi vistosi, concolori al cappello, irregolarmente disposti, decorrenti sul gambo e facilmente staccabili.
Gambo: pieno, un po' tozzo, spesso un poco eccentrico rispetto al cappello, talora ingrossato alla base, di colore bianco oppure arancione rosato.
Carne: soda, molto fragile, bianca con tendenza a diventare giallina al taglio; odore gradevole e sapore acidulo, che scompare alla cottura.

Stazione di crescita Cresce prevalentemente sotto latifoglie.

Periodo di crescita Da agosto a metà novembre.

Utilizzazioni particolari Allo stato fresco: *
Conservato sott'aceto o sott'olio: **
Allo stato secco: –

117

Nome latino **CANTHARELLUS CIBARIUS**
(Fr.: Fr.) Fr.

Nome italiano **Gallinaccio, Galletto, Gialletto, Finferlo**

Nomi dialettali *Piemonte*: Garitol, Galét - *Lombardia*: Gallinœu, Galét, Perseghi - *Veneto*: Fongo zalo, Mare de fonghi zali - *Emilia*: Galétt

Valore commestibile OTTIMO

Caratteri morfologici *Cappello*: carnoso, prima leggermente convesso, poi piano depresso e imbutiforme; margine involuto, ondulato, irregolarmente lobato; la cuticola è liscia, talora un po' screpolata, di colore giallo pallido o giallo tuorlo d'uovo.
Imenio: è costituito da pieghe simili a lamelle, concolori al cappello, piuttosto spesse, decorrenti sul gambo, congiunte tra di loro e biforcate nella parte superiore.
Gambo: cilindrico, attenuato alla base, pieno, concolore al cappello.
Carne: soda, fibrosa, bianca, giallina al margine; odore molto gradevole e tipico (di pesca o di albicocca); ha sapore dolciastro.

Stazione di crescita È ubiquitario: cresce in folte schiere nei boschi di conifere e di latifoglie.

Periodo di crescita Da giugno a ottobre.

Utilizzazioni particolari Allo stato fresco: ***
Conservato sott'aceto o sott'olio: ***
Allo stato secco: *

Osservazioni Quest'ottimo fungo terricolo non va confuso con un fungo che cresce sui tronchi di olivi e di querce ed è capace di provocare forti disturbi

gastrici: l'*Omphalotus olearius* (*Clitocybe olearia*), detto anche "fungo dell'olivo". Questo si presenta cespitoso; inoltre, si distingue dal gallinaccio per la superficie rosso scura del cappello, per le lamelle di color giallo zafferano e lungamente decorrenti e per la carne di colore giallo aranciato.

Nome latino **CANTHARELLUS LUTESCENS**
(Pers.: Fr.) Fr.

Nome italiano **Cantarello giallo, Finferla**

Valore commestibile BUONO

Caratteri morfologici *Cappello*: di consistenza membranosa; dapprima convesso-ombelicato, poi imbutiforme, con la cavità centrale comunicante col gambo; il margine è ondulato-frastagliato; la cuticola è caratterizzata da piccole squame brune su sfondo color aranciato.
Imenio: dapprima si presenta liscio, poi evidenzia delle venature irregolari, poco marcate, ramificate, decorrenti sul gambo, di colore aranciato chiaro.
Gambo: lungo, compresso oppure solcato verticalmente, esile, cavo, di colore aranciato.
Carne: sottile, fragile, di colore giallognolo; odore di frutta conservata.

Stazione di crescita Cresce in fitte schiere in montagna, tra l'erba o i cespugli di mirtillo, vicino alle conifere.

Periodo di crescita Da luglio a ottobre.

Utilizzazioni particolari Allo stato fresco: ***
Conservato sott'aceto o sott'olio: **
Allo stato secco: **

Nome latino **CRATERELLUS CORNUCOPIOIDES**
(L.: Fr.) Pers.

Nome italiano **Trombetta da morto, Corno dell'abbondanza**

Valore commestibile BUONO

Caratteri morfologici *Corpo fruttifero*: di consistenza membranosa, a forma di imbuto o di cornucopia, con margine ondulato, frastagliato ed elastico; la superficie interna è grigio nerastra e cosparsa di squamette più scure; la superficie esterna della parte superiore – sulla quale compaiono le spore – è liscia, un po' rugosa e di colore variabile: grigio cenere, grigio bluastra.
Carne: sottile, membranosa, elastica, piuttosto fragile, color grigio nerastro, odore di frutta.

Stazione di crescita Cresce in luoghi umidi nei boschi di latifoglie (faggi, querce, castagni ecc.) e anche di conifere.

Periodo di crescita Da agosto a ottobre.

Utilizzazioni particolari Allo stato fresco: **
Conservato sott'aceto o sott'olio: –
Allo stato secco: ***

Osservazioni Questo fungo è particolarmente idoneo all'essiccamento e – una volta seccato – può essere utilizzato per la preparazione di condimenti.

Nome latino **LYCOPERDON PERLATUM**
Pers.: Pers.
(Lycoperdon gemmatum)

Nome italiano **Vescia gemmata, Vescia minore**

Valore commestibile DISCRETO

Caratteri morfologici *Corpo fruttifero*: a forma di pera con un piccolo umbone alla sommità e un gambo pieghettato e attenuato verso la base; presenta un colore bianco sporco che diventa bruno-grigio con l'età; la metà superiore del corpo fruttifero è ricoperta da numerosi e piccoli aculei, facilmente staccabili e maggiormente fitti vicino alla sommità. Il corpo fruttifero è costituito da una specie di buccia detta *peridio* e da una polpa interna detta *gleba*, una parte della quale dapprima è bianca e soda, poi gialla e pastosa e infine bruna e polverulenta. In quest'ultima fase il peridio si apre alla sommità per consentire la fuoruscita e la diffusione delle spore.

Stazione di crescita Cresce gregario in gruppi più o meno numerosi in boschi di diverso tipo.

Periodo di crescita Da luglio a ottobre.

Utilizzazioni particolari Allo stato fresco: ***
Conservato sott'aceto o sott'olio: –
Allo stato secco: –

Osservazioni Questo fungo è commestibile finché la polpa resta completamente bianca.

Nome latino **CALVATIA CYATHIFORMIS**
(Bosc) Morgan
(Calvatia lilacina)

Nome italiano **Vescia gigante**

Valore commestibile OTTIMO

Caratteri morfologici *Corpo fruttifero*: ha forma sferica o di pera rovesciata, con diametro spesso superiore a cm 10; inizialmente è biancastro, poi si colora progressivamente di bruno; la corteccia (peridio) è costituita da due membrane: quella esterna si frammenta in placche più o meno regolari che si staccano e scoprono quella interna, la quale, a sua volta, si disgrega e sparisce fino alla base. La polpa interna è costituita da una parte inferiore sterile, bianca e da una parte superiore fertile, in quanto con l'andar del tempo vi si formano le spore: quest'ultima è inizialmente bianca e soda, poi gialla e pastosa e infine grigio olivastra e polverosa. Nell'ultima fase dello sviluppo la parte fertile è praticamente costituita dalla polvere sporale che, in seguito alla disgregazione della corteccia, può essere sollevata e dispersa da un leggero alito di vento.

Stazione di crescita Nei prati e nelle radure, specie su terreni sabbiosi (rive di fiumi).

Periodo di crescita Autunno.

Utilizzazioni particolari Allo stato fresco: ***
Conservato sott'aceto o sott'olio: –
Allo stato secco: –

Osservazioni Questo fungo si può considerare commestibile finché la polpa resta completamente bianca.

Nome latino **AURICULARIA AURICULA-JUDAE**
(L.) Schroet

Nome italiano **Orecchio di Giuda**

Valore commestibile BUONO

Caratteri morfologici *Corpo fruttifero*: è costituito da una coppa irregolarmente lobata, elastica, di consistenza gelatinosa, sessile oppure provvista di un gambo molto corto e ad inserzione laterale; la parte interna della coppa è pieghettata, di colore marrone e su di essa si formano le spore; la parte esterna della coppa è invece di colore olivastro e si presenta leggermente pelosa e ornata da venature ramificate.

Stazione di crescita Cresce sui rami di varie piante latifoglie, con una spiccata preferenza per il sambuco.

Periodo di crescita Dalla fine dell'inverno all'autunno inoltrato.

Utilizzazioni particolari Allo stato fresco: ***
Conservato sott'aceto o sott'olio: –
Allo stato secco: **

Osservazioni Questo fungo mangereccio può essere consumato anche crudo.

Nome latino **MORCHELLA ROTUNDA**
(Pers.: Fr.) Boud.

Nome italiano **Spugnola gialla, Spugnola rotonda**

Valore commestibile OTTIMO (dopo cottura)

Caratteri morfologici *Cappello*: tondeggiante od ovale, di colore ocraceo; presenta numerosi alveoli piuttosto larghi, angolosi, con superficie interna pieghettata, separati da coste flessuose; all'interno degli alveoli si formano le spore.
Gambo: biancastro, ingrossato leggermente e solcato nella parte inferiore; è cavo come il cappello.

Stazione di crescita Cresce isolato o gregario al riparo dai venti, in terreni sabbiosi e ricchi di sostanza organica, vicino ad alberi da frutto (viti, meli) o a piante isolate (olmo, pioppo, frassino ecc.).

Periodo di crescita Da aprile a maggio.

Utilizzazioni particolari Allo stato fresco: ***
Conservato sott'aceto o sott'olio: –
Allo stato secco: ***

Osservazioni Vi è un ascomicete non idoneo al consumo, in quanto può provocare gravissimi avvelenamenti. Si tratta della *Gyromitra esculenta*, caratterizzata da un cappello avente forma di una piccola massa cerebrale marrone: quando tale fungo viene consumato allo stato fresco (crudo o cotto, specialmente se non si getta l'acqua di cottura), quando è consumato in più pasti ravvicinati, quando è consumato da persone in tenera età o in non perfette condizioni fisiche, insorgono, dopo 6-48 ore dall'ingestione, vomito e gravi disturbi di fegato con un possibile esito letale.

Nome latino **TUBER MAGNATUM**
Pico

Nome italiano **Tartufo bianco del Piemonte, Tartufo bianco di Alba, Tartufo bianco di Acqualagna**

Valore commestibile ECCELLENTE

Caratteri morfologici *Corpo fruttifero*: assomiglia a una piccola patata dalla superficie sinuosa e lobata; la buccia (peridio) è di colore ocra chiaro, talora con sfumature verdicce; la polpa (gleba) è di colore variabile dal nocciola più o meno tenue al marrone e a volte pone in evidenza delle sfumature rosse. Il corpo fruttifero emette un odore molto penetrante, agliaceo, simile a quello del gas di città (se ne evita la diffusione avvolgendo il tartufo entro un panno di lana); il sapore è veramente delizioso.
Aschi e spore: le spore, rotonde od ovoidali, esternamente ornate da un reticolo alveolare a maglie piuttosto larghe, sono contenute in numero di 1-4 entro piccoli astucci, detti aschi.

Stazione di crescita Il *Tuber magnatum* cresce generalmente solitario, profondamente interrato, vicino a latifoglie (querce, pioppi ecc.); per localizzarlo e per estrarlo bisogna ricorrere all'aiuto di un cane addestrato oppure all'aiuto del maiale, che ne è ghiottissimo.

Periodo di crescita In estate, autunno, inverno con le maggiori punte nel periodo ottobre-fine dicembre.

Utilizzazioni particolari Allo stato fresco: ***
Conservato sott'aceto o sott'olio: –
Allo stato secco: –

Osservazioni Si tratta di un tartufo prelibato e molto costoso, adatto sia al consumo fresco sia alla preparazione di particolari condimenti ("creme").

RICETTARIO

a cura di Laura e Margherita Landra

Le dosi delle ricette si intendono per quattro persone

ANIMELLE DI VITELLO AI PORCINI

Cottura: 45 minuti
Calorie per persona: 200 circa

400 g di animelle di vitello
20 g di burro
400 g di porcini
poco brodo di carne
una cucchiaiata di Marsala
il succo di mezzo limone
sale
un tuorlo
farina

Pulite le animelle e sbollentatele per 15 minuti in acqua salata. Scolatele; avvolgetele in un tovagliolo e lasciatele raffreddare. Tagliatele a fettine; infarinatele e doratele nel burro. Unite i funghi puliti e affettati; salate; bagnate con poco brodo caldo e il Marsala e cuocete per 30 minuti circa. Spegnete e incorporate il tuorlo battuto con il succo di limone; rimescolate e servite.

CARDARELLI AL PEPERONCINO

Cottura: 18 minuti circa
Calorie per persona: 180 circa

500 g di cardarelli
200 g di polpa di pomodoro
un bicchiere di vino bianco secco
uno spicchio d'aglio
un pezzetto di peperoncino
un trito di prezzemolo
40 g di olio extravergine d'oliva
sale e pepe

Pulite i funghi e tagliateli a fettine. Fate insaporire nell'olio lo spicchio d'aglio con il peperoncino; unite i funghi e mescolate per un paio di minuti; quindi bagnate con il vino e fate evaporare.
Unite la polpa di pomodoro; salate e pepate e portare a cottura per 10 minuti circa. Unite il trito di prezzemolo; rimescolate e servite.

CARPACCIO DI VITELLO CON OVOLI E TARTUFO

Cottura: -
Calorie per persona: 100 circa

12 fettine di carpaccio
di fesa di vitello
un tartufo medio
2 ovoli molto freschi
20 g di olio extravergine di oliva
succo di limone
sale e pepe

Disponete nel piatto da portata le fettine di carne senza sovrapporle; conditele con succo di limone, olio, sale e pepe.
Coprite con gli ovoli e il tartufo affettati con l'affettatartufi; condite ancora leggermente e servite.

CONIGLIO CON PANCETTA E PIOPPARELLI

Cottura: 40 minuti
Calorie per persona: 280 circa

4 cosce di coniglio
100 g di pancetta magra
400 g di piopparelli
30 g di burro
un cucchiaio di farina
100 g di cipolline novelle
vino bianco secco
sale e pepe

Tagliate a dadini la pancetta e rosolatela nel burro; unite le cosce di coniglio e fatele dorare.
Spruzzate di vino e fate evaporare; salate e pepate; spolverizzate con la farina e mescolate bene; coprite a filo con acqua e vino bianco; unite i funghi puliti e affettati e le cipolline mondate.
Coprite e portate a cottura il coniglio, a calore moderato, mescolando di tanto in tanto.

COTOLETTE DI LEPIOTA

Cottura: 5 minuti
Calorie per persona: 400 circa

4 cappelle di lepiota
un uovo
pangrattato
abbondante olio per friggere
sale

Staccate le cappelle dai gambi, che sono da gettare, facendo attenzione a non romperle.
Passatele nell'uovo sbattuto e poi nel pangrattato.
Friggete le cotolette di lepiota in abbondante olio caldo da entrambi i lati finché non saranno dorate, poi sgocciolatele; salate e servite subito.

CROSTINI AI FINFERLI

Cottura: 15 minuti
Calorie per persona: 320 circa

4 fette di pane casereccio
300 g di finferli
300 g di besciamella
un tuorlo
30 g di burro
succo di limone
poco latte
noce moscata
sale e pepe

Pulite i funghi, affettateli e cuoceteli nel burro caldo; salate e pepate.
Imburrate una pirofila e allineatevi le fette di pane, leggermente inumidite nel latte. Coprite con la besciamella nella quale avrete incorporato una grattugiata di noce moscata e il tuorlo, lavorato con il succo di limone. Coprite con i funghi e passate in forno preriscaldato a 200 °C per 5 minuti, poi servite.

FEGATO DI VITELLO AI GALLINACCI

Cottura: 5 minuti
Calorie per persona: 480 circa

300 g di fegato di vitello a fettine
300 g di gallinacci
100 g di prosciutto crudo
60 g di burro
una cipolla
sale e pepe

Tagliate in quattro le fette di prosciutto; rosolatele insieme al fegato in metà burro con la cipolla tritata. A parte, cuocete nel burro rimasto i funghi puliti, tagliati a fettine. Quando i funghi saranno cotti, uniteli al fegato; regolate di sale e pepe; scaldate bene il tutto e servite.

FINFERLI ALLA NAPOLETANA

Cottura: 15 minuti
Calorie per persona: 200 circa

500 g di finferli
300 g di polpa di pomodoro
uno spicchio d'aglio
un trito di prezzemolo
40 g di olio extravergine di oliva
sale e pepe

Fate insaporire nell'olio lo spicchio d'aglio; unite i funghi tagliati a metà e lasciate evaporare l'acqua di vegetazione. Unite la polpa di pomodoro e il prezzemolo; regolate di sale e pepe; coprite e portate dolcemente a cottura.

FUNGHI FAMIGLIOLA ALLA TIROLESE

Cottura: un'ora circa
Calorie per persona: 200 circa

300 g di famigliola
300 g di patate
200 g di crauti
20 g di burro
una cipolla
brodo di carne
sale e pepe

Pulite bene i funghi e affettateli. Fate insaporire nel burro la cipolla tritata; unite i funghi e i crauti e cuoceteli per pochi minuti; poi unite le patate tagliate a cubettini. Salate e pepate; coprite e cuocete a fiamma moderata per circa 3/4 d'ora, bagnando di tanto in tanto con brodo caldo.

FUNGHI IN UMIDO AL POMODORO

Cottura: 25 minuti
Calorie per persona: 180 circa

600 g di piopparelli o trombette
400 g di polpa di pomodoro
uno spicchio d'aglio
40 g di olio extravergine d'oliva
un trito di prezzemolo
sale e pepe

Fate insaporire nell'olio lo spicchio d'aglio privato del germoglio, poi unite la polpa di pomodoro e cuocetela per 10 minuti circa. Unite i funghi, puliti e tagliati, il prezzemolo, il sale e il pepe. Portate a cottura i funghi, poi serviteli come contorno o per condire spaghetti o tagliatelle.

FUNGHI TRIFOLATI

Cottura: 15 minuti
Calorie per persona: 150 circa

600 g di funghi porcini
2 spicchi d'aglio
40 g di olio extravergine d'oliva
un trito di prezzemolo
sale e pepe

Pulite bene i funghi, poi tagliateli verticalmente a fette di due o tre millimetri.
Fate insaporire nell'olio gli spicchi d'aglio interi per alcuni minuti, senza che prendano colore, poi eliminateli; versate nel tegame i funghi e il prezzemolo.
Salate, pepate e cuocete i funghi per 10 minuti circa; spegnete e servite.

INSALATA DI CLITOCYBE

Cottura: 20 minuti
Calorie per persona: 200 circa

500 g di clitocybe
un bicchiere di brodo
un bicchiere di vino bianco secco
un tuorlo
30 g di olio extravergine d'oliva
succo di limone
sale e pepe

Pulite i funghi e cuoceteli nel brodo, mescolato al vino, per 20 minuti circa. Scolateli, lasciateli raffreddare e affettateli.
Preparate la salsa con il tuorlo, l'olio e il succo di limone; salate e pepate. Disponete i funghi sul piatto da portata; copriteli con la salsa e servite.

INSALATA DI OVOLI AL TARTUFO

Cottura: -
Calorie per persona: 100 circa

400 g di ovoli
un tartufo bianco
30 g di olio extravergine d'oliva
succo di limone
pochissimo sale

Pulite i funghi con una pezzuola umida e spazzolate bene la superficie del tartufo.
Tagliate separatamente con l'affettatartufi sia gli ovoli che il tartufo. Disponete le fette di ovoli sul piatto da portata; condite con l'olio e il succo di limone; coprite con le fettine di tartufo; salate appena e servite dopo 15 minuti circa.

INSALATA DI PRATAIOLI ALL'ORIGANO

Cottura: -
Calorie per persona: 140 circa

600 g di funghi prataioli
un trito di prezzemolo
origano
uno spicchio d'aglio
succo di limone
un trito di prezzemolo
40 g di olio extravergine d'oliva
sale e pepe

In una ciotola sciogliete sale e pepe con il succo di limone; unite l'olio ed emulsionate bene con una forchetta; insaporite con il prezzemolo, l'origano e lo spicchio d'aglio, diviso a metà e privato del germoglio; coprite e lasciate riposare.
Nel frattempo pulite accuratamente i funghi e affettateli sottili. Eliminate l'aglio dalla salsina; condite i funghi disposti sul piatto da portata, poi servite.

MEDAGLIONI DI FILETTO TRIFOLATI AI PORCINI

Cottura: 15 minuti circa
Calorie per persona: 200 circa

4 medaglioni di filetto di manzo
300 g di porcini
uno spicchio d'aglio
un trito di prezzemolo
20 g di olio extravergine d'oliva
poco succo di limone
sale e pepe

Fate appassire nell'olio il prezzemolo e l'aglio tritati; unite i porcini ben puliti e affettati; salate, pepate e portate a cottura a fiamma bassa.
Spegnete e bagnate con poco succo di limone. Scaldate molto bene una griglia e cuocetevi dai due lati i medaglioni di filetto, lasciandoli leggermente al sangue; salate e pepate.
Allineate i medaglioni su un piatto da portata caldo; coprite con i funghi caldissimi e servite immediatamente.

NASELLO ALL'AMANITA

Cottura: 25 minuti
Calorie per persona: 220 circa

4 tranci di nasello
300 g di amanita
un trito di prezzemolo
uno spicchio d'aglio
un pezzetto di cipolla
250 g di polpa di pomodoro
un bicchiere di vino bianco secco
20 g di burro
sale e pepe

Pulite i funghi; affettateli e cuoceteli nel burro insieme allo spicchio d'aglio, che poi eliminerete.
Imburrate una pirofila e disponetevi le fette di pesce; copritele con un trito di cipolla, aglio e prezzemolo; salate e pepate; unite la polpa di pomodoro, i funghi e il vino. Salate e pepate.
Cuocete a fiamma moderata per 20 minuti circa, poi servite.

PAPPARDELLE AI GALLINACCI

Cottura: 5 minuti
Calorie per persona: 480 circa

300 g di pappardelle
30 g di burro
200 g di panna fresca
50 g di prosciutto crudo a filettini
150 g di gallinacci, trifolati con olio e aglio
noce moscata
30 g di pecorino grattugiato
sale

Cuocete velocemente le pappardelle in abbondante acqua bollente salata; scolatele e passatele in una grande padella contenente tutti gli altri ingredienti.
Mescolate velocemente per amalgamare e riscaldare tutti gli ingredienti, poi servite immediatamente.

PLEUROTUS ALLA PUGLIESE

Cottura: 15 minuti circa
Calorie per persona: 180 circa

500 g di funghi pleurotus
2 spicchi d'aglio
un trito di prezzemolo
il succo di mezzo limone
40 g di olio extravergine d'oliva
sale e pepe

Pulite bene i funghi e affettateli. Tagliate a fettine gli spicchi d'aglio e insaporiteli nell'olio; unite i funghi; salate, pepate e cuocete a fiamma viva.
Spegnete; bagnate con il succo di limone; cospargete di prezzemolo tritato; mescolate e servite.

QUAGLIE ALLA CACCIATORA CON PRATAIOLI

Cottura: 25 minuti
Calorie per persona: 500 circa

8 quaglie
400 g di prataioli
100 g di pancetta magra affumicata
foglie di alloro
40 g di olio extravergine d'oliva
un bicchiere di vino bianco secco
sale

Pulite le quaglie; lavatele, asciugatele e salatele all'interno. Pulite i funghi e affettateli.
Mettete una foglia di alloro all'interno di ogni quaglia, che avvolgerete nella pancetta, fissandola con uno stecco. Rosolate le quaglie nell'olio; bagnatele con il vino e fate sfumare. Unite i funghi; salate se necessario; coprite e portate a cottura.

RISOTTO AI FINFERLI

Cottura: 25 minuti
Calorie per persona: 480 circa

500 g di finferli
350 g di riso per risotti
50 g di burro
10 g di olio extravergine d'oliva
2 cipolle piccole
uno spicchio d'aglio
1 l circa di brodo
40 g di parmigiano grattugiato
sale e pepe

Tritate una cipolla con lo spicchio d'aglio e fateli insaporire nell'olio; unite i funghi puliti e cuoceteli per 10 minuti circa. A parte fate insaporire e appassire nel burro l'altra cipolla tritata; unite il riso e fatelo tostare; aggiungete i funghi e rimescolate; bagnate con il brodo bollente, unito un mestolo alla volta, e portate a cottura il riso, mantenendolo piuttosto morbido.
Unite il parmigiano; rimescolate per mantecare e servite.

ROGNONE TRIFOLATO AI PORCINI NERI

Cottura: 20 minuti
Calorie per persona: 260 circa

2 rognoni di vitello
una cipolla
mezzo bicchiere di aceto
300 g di porcini neri
mezzo bicchiere di panna fresca
un trito di prezzemolo
sale e pepe

Pulite bene i rognoni, eliminando il grasso; lavateli, tagliateli a fette e immergeteli per un'ora in acqua e aceto. Scolateli, sciacquateli e asciugateli.
Mettete in una casseruola le fettine di rognone con la cipolla affettata e fate appassire a fiamma molto bassa.
Salate e pepate, poi unite i funghi ben puliti e affettati.
Coprite e cuocete per 15 minuti circa, mescolando ogni tanto.
Trascorso questo tempo unite il trito di prezzemolo e la panna; scaldate, mescolando, regolate di sale e pepe e servite subito.

SCALOPPINE DI COLOMBINE

Cottura: 15 minuti
Calorie per persona: 130 circa

500 g di cappelle di colombine
40 g di burro
poco brodo di carne
farina
30 g di parmigiano in scaglie
sale e pepe

Sbollentate per pochi minuti le cappelle di colombine pulite. Sgocciolatele, asciugatele e infarinatele.
Fate scaldare il burro in una padella e cuocetevi le cappelle infarinate; poi bagnatele con il brodo e cuocetele a recipiente scoperto. Salate e pepate.
Girate le cappelle, in modo che le lamelle stiano in alto, e appoggiate su ognuna delle scaglie di parmigiano; cuocete ancora per pochi minuti, poi coprite e lasciate riposare per 10 minuti circa prima di servire.

SPAGHETTI AI FUNGHI E TONNO

Cottura: 30 minuti
Calorie per persona: 450 circa

350 g di spaghetti
30 g di funghi secchi
500 g di polpa di pomodoro
200 g di tonno sott'olio
uno spicchio d'aglio
un trito di prezzemolo
20 g di olio extravergine di oliva
sale e pepe

Ammollate i funghi secchi in acqua fredda, poi tagliuzzateli e fateli insaporire nell'olio con l'aglio.
Unite la polpa di pomodoro; coprite e cuocete per 15 minuti circa. Unite il tonno sminuzzato, il prezzemolo, sale, pepe e cuocete per altri 15 minuti.
Nel frattempo, cuocete gli spaghetti in abbondante acqua bollente salata; scolateli al dente e conditeli con la salsa preparata; mescolate e servite subito.

TAGLIATELLE AGLI OVOLI

Cottura: 10 minuti
Calorie per persona: 380 circa

300 g di tagliatelle
50 g di burro
50 g di gruviera grattugiato
2 ovoli di medie dimensioni
pochissimo prezzemolo tritato
sale e pepe

Cuocete le tagliatelle in abbondante acqua bollente e salata; scolatele al dente e conditele subito con il burro a fiocchetti e il gruviera.
Mescolate molto bene, per amalgamare tutti gli ingredienti, poi passatele in una pirofila imburrata. Coprite con il prezzemolo e gli ovoli tagliati a fettine molto sottili. Passate nel forno caldissimo per 5 minuti, poi servite, passando a parte del pepe nero.

TRICHOLOMA ALLE CIPOLLINE

Cottura: 45 minuti
Calorie per persona: 180 circa

400 g di tricholoma
400 g di cipolline
40 g di burro
sale

Pulite i funghi; tagliateli a pezzetti e cuoceteli con il burro e le cipolline. Cuocete a fiamma moderata per 30 minuti circa, bagnando, se necessario, con poca acqua calda. Regolate di sale e servite.

TROTA ALLA SALSA DI GALLINACCI

Cottura: 30 minuti circa
Calorie per persona: 450 circa

una trota da 1 kg circa
200 g di gallinacci
un bicchierino di Marsala
una foglia di salvia
400 g di salsa vellutata
100 g di panna fresca
30 g di burro
sale e pepe

Pulite, lavate e asciugate la trota; cuocetela nel burro insieme ai funghi, la salvia e il Marsala, sale e pepe.
Quando il vino sarà completamente evaporato, unite la salsa vellutata, una besciamella fatta con brodo di carne al posto del latte, e portate a cottura.
Sollevate la trota dal fondo di cottura e disponetela sul piatto da portata; unite alla salsa la panna fresca; portate a ebollizione mescolando; regolate di sale e pepe, quindi versate la salsa caldissima sul pesce e servite immediatamente.

UOVA DEL BOSCO AI PORCINI

Cottura: 15 minuti
Calorie per persona: 450 circa

300 g di porcini freschi
4 uova
200 g di fontina
40 g di burro
sale

Pulite bene i funghi con un telo umido, poi affettateli. Fate sciogliere il burro sul fuoco, poi versatelo in parti uguali in quattro stampini da forno.
Mettete in ogni stampino una parte di funghi e fettine di fontina; rompetevi sopra un uovo e passate nel forno preriscaldato a 200 °C finché l'albume non si sarà rappreso.
Sfornate, salate e servite subito.

UOVA STRAPAZZATE AI FUNGHI MISTI

Cottura: 15 minuti
Calorie per persona: 320 circa

300 g di funghi freschi misti
4 uova
uno spicchio d'aglio
un trito di prezzemolo
40 g di olio extravergine d'oliva
sale e pepe

Pulite bene i funghi, poi affettateli. Scaldate l'olio in una padella, versatevi i funghi con lo spicchio d'aglio tagliato a metà e cuoceteli per 10 minuti circa. Salate, pepate e unite il trito di prezzemolo. In una ciotola sbattete le uova e versatele nella padella dei funghi. Cuocete a fiamma bassa mescolando per pochi minuti, finché le uova non saranno rapprese, ma morbide.

VALDOSTANE DI VITELLO AI FUNGHI

Cottura: 20 minuti
Calorie per persona: 360 circa

4 costolette di vitello
4 fette di prosciutto crudo
250 g di funghi trifolati
40 g di fontina valdostana
40 g di burro
farina
pangrattato
un uovo
sale e pepe

Aprite a libro le costolette, poi battetele bene.
Farcite ogni costoletta con una fetta di prosciutto sgrassato, una di fontina e una cucchiaiata abbondante di funghi trifolati.
Infarinate ogni costoletta, poi passatela nell'uovo sbattuto e nel pangrattato. Fate dorare le costolette nel burro caldo da entrambi i lati; quindi adagiatele, in un solo strato, in un piatto da forno imburrato e passatele nel forno preriscaldato a 180 °C per 10 minuti circa e servite.

VOL-AU-VENT AI FUNGHI

Cottura: 15 minuti
Calorie per persona: 180 circa

12 piccoli vol-au-vent
300 g di funghi freschi
30 g di burro
50 g di panna fresca
mezzo bicchiere di vino bianco secco
50 g di prosciutto cotto a dadini
uno spicchio d'aglio
sale e pepe

Pulite i funghi, affettateli e friggeteli nel burro caldo, insaporito con lo spicchio d'aglio. Salate e pepate; bagnate con il vino bianco; unite i dadini di prosciutto e la panna e portate a cottura, facendo addensare leggermente.
Farcite i vol-au-vent con la salsa intiepidita; al momento di servire passateli nel forno caldissimo per 2 o 3 minuti.

ZUCCHINE E PORCINI AL BASILICO

Cottura: 5 minuti
Calorie per persona: 150 circa

200 g di porcini
2 zucchine medie
un ciuffo di basilico
40 g di olio extravergine d'oliva
sale e pepe

Mondate le zucchine, lavatele bene, asciugatele e tagliatele nel senso della lunghezza.
Pulite i funghi e tagliateli a fette.
Mondate e lavate il basilico, poi frullatelo con l'olio; salate e pepate.
Scaldate molto bene una griglia e cuocetevi le fette di zucchine e di funghi; lasciate raffreddare.
Condite con l'olio al basilico; lasciate riposare per un paio d'ore poi servite, passando a parte del pepe nero.

ZUPPA DI GALLETTI ALLO SPECK

Cottura: 35 minuti
Calorie per persona: 300 circa

600 g di galletti
100 g di speck
una cipolla
uno spicchio d'aglio
un trito di prezzemolo
1 l circa di brodo di carne
farina
100 g di latte
40 g di burro
crostini di pane
sale e pepe

Fate appassire nel burro lo speck, tagliato a filettini, e la cipolla tritata; unite i funghi, precedentemente puliti, tritati e infarinati. Mescolate bene per amalgamare, poi bagnate con il brodo e cuocete per 20 minuti circa.
Unite il latte, il trito di prezzemolo, l'aglio, sale e pepe.
Cuocete ancora per pochi minuti, poi servite subito con i crostini di pane, tostati e caldi.

Indice delle ricette

Indice dei nomi in latino

Indice dei nomi in italiano

FOREIGN LANGUAGE ROTATION SLIP

LIBRARY	Date due at HPL Central Library		
DUNDAS	OCT 16 2003		
OAKVILLE			
SOMP			
BARTON			
KENILWORTH			
PICTON			
RED HILL			
SHERWOOD	MAY 22 2002		
TERRYBERRY	JAN 29 2003		
WESTDALE			